運用蔬食乘法，讓蔬果和肉、蛋、海鮮通通都是好朋友

舒食蔬房

楊晴（東京鳥窩廚房）著

目錄
contents

瓜果類 ⋯⋯⋯⋯⋯⋯ 036
Plant Fruit Vegetables

根莖類 ⸺⸺ 062
Root and Tuber

菇類 ———————————— 090
Mushroom Vegetables

豆類與豆製品 ⸺ 112

Beans and Soy Products

花菜類 ⸺ 132

Flower Vegetables

解開想吃菜又不想放棄肉的
三角難題

　　我是一個很喜歡蔬食的人。身為家中的煮婦，我也每天都會做出各式各樣的蔬食料理給我的家人品嚐。在寶島台灣，蒐集一年四季的當季蔬果烹調，對我而言就像是一種根深蒂固的癖好。五彩繽紛的各類蔬果，對我來說就像各色寶石一般，是難以言喻的豐盛。

　　坊間有關蔬食的食譜書，大多是生菜沙拉與涼拌類料理。然而，從小習慣吃熱呼呼熟食的我卻沒有辦法接受，生食或冷食蔬菜總令我食慾全失。我覺得我從小生長在台灣，我想用台灣人熟悉的烹調方式，去料理蔬食，而非生冷的西菜。這是寫這本書的契機之一。

　　另外一個原因，是五歲的女兒愛吃蔬菜不愛吃肉，為了讓發育中的她有蛋白質的本錢成長，我想方設法將肉類和豆製品融入以「蔬食為主角」的料理，期望她能吃得津津有味，而忘記或不小心吃掉一些肉。

再來，因為我們是典型的小家庭，夫妻加孩子只有三人，每天開伙準備適量的食材不容易，又必須要達到各種營養的攝取，想每天的晚餐要煮什麼真的是會想破頭。所以，我常常會一道菜裡面就包含蔬食和肉食，如此一來不用煮一桌吃不完，許多料理更有菜和肉相輔相成而更加美味的效果，實是一石二鳥之計。

　　而有些人會開始接觸蔬食料理，是為了健康的因素。在坊間的蔬食食譜大多像素食食譜，原本喜愛大口吃肉的人可能會覺得很難調適。這本書提供的食譜，每道都會至少有一種「蔬食主角」，並且多會搭配肉類、海鮮、蛋或葷食醬料，能幫助想多嘗試蔬食，卻無法放棄肉類的讀者。

　　既然提及多嘗試蔬食，就必須告訴大家這本書的另一個特點 ── 食材多元豐富。為了在這本書寫入具備豐富性與多樣性的蔬食，這本書的準備時間很長，為的是能蒐集一年四季各個季節的蔬果作為食材。有一些在市場稍縱即逝的蔬菜，如：佛手瓜、青花筍……等等，走過路過一旦錯過，想品嚐就得等明年。這項特色是為了鼓勵大家多多攝取各式各樣的蔬果，也許除了舊愛，你還會發現新歡。

　　現在流行「食療」的觀念，蔬食常會是養生的關鍵要素，若能解開許多人想吃菜，卻又不想放棄肉的三角難題，這本書會是個很好的參考。因為這不是一本素食食譜，而是會讓你愛上蔬食的一本書！

葉菜類
Leafy Vegetables

　　葉菜類的蔬菜，是我們對蔬菜最深刻的印象，這類蔬菜葉片面積較大且多汁，較軟嫩的莖部也可以烹調。一般來說，深綠色葉菜特別地營養，這裡的營養成分指的是維生素、礦物質、纖維素與植化素（phytochemicals）。

　　通常蔬菜的綠色越深，所含的礦物質與維生素，如鈣、鎂、β-胡蘿蔔素、維生素 B_2 和維生素 C 也越多。但因為每種蔬菜所含的營養素不同，所以食用的要訣是廣泛攝取，而不是從單一蔬菜高量吸收。

　　除了適宜做為生菜沙拉的深綠色蔬菜，例如羽衣甘藍、蘿蔓萵苣、芝麻葉、水菜等等，另外有些蔬菜我們習慣加熱烹調後才食用，例如油菜、芥菜、菠菜、空心菜等等。許多人認為蔬菜汆燙能攝取較少的油脂，但汆燙的過程容易流失水溶性維生素，如維生素 B 群和維生素 C。而且有些營養素為脂溶性的，例如一些植化素、維生素 A 等等，必須用適量的油脂烹煮來幫助人體吸收。

　　中式料理較少見蔬菜生食，而西洋料理較常將蔬果做成生菜沙拉來享用。有些人覺得經過加熱烹調後，營養素容易被破壞。但除了考慮料理風味以外，適當的加熱烹煮還可以確保消滅一些會致病的微生物，以及加熱才能破壞的有毒物質，例如金針花中的秋水仙鹼。

　　因此，在料理蔬菜前，我們首先要考慮安全性，再來是美味易入口和營養保留。

值得一提的是，前文所言之植化素，為植物中的天然化合物，它們是植物生長的必要養分，通常是為了抵禦外來的傷害而製造出來。常見的植化素可分為類黃酮、類胡蘿蔔素、有機硫化物、酚酸和植物雌激素等等。

我們可以從蔬菜的顏色大致辨別其富含的植化素，例如：紅色蔬菜的茄紅素、辣椒紅素；橘黃色的類胡蘿蔔素、類黃酮、葉黃素、玉米黃素；綠色的葉綠素、兒茶素、異硫氰酸酯；白色的有機硫化物、大蒜素；紫色的花青素、綠原酸和酚酸。

植化素雖屬於人體「非必要性營養素」，但因為人體本身無法製造，所以必須從食物中去攝取。各種植化素對人體有不同的功用，例如抗氧化、清除自由基、增強免疫力、協助生理機制、延緩老化與降低罹癌風險。

對料理新手來說，除了汆燙葉菜類蔬菜外，炒菜的用油與調味可能會比較難把握。我的建議是，因用油須考慮該種油脂的發煙點高低，一般炒菜我使用芥花油，而較低溫的西式拌炒則可考慮橄欖油。

炒菜怎麼炒都炒不軟或炒到發黑怎麼辦？我推薦除了油外，難炒熟或難炒均勻熟透的蔬菜，可以添加少許清水，然後蓋上鍋蓋燜煮一下，等幾乎熟透再翻炒均勻。知道這些小撇步後，就來炒一盤色香味俱全且營養的葉菜吧！

辣炒木耳
山茼蒿

蔬食主角
山茼蒿

特別適合食用

✓ 瘦身
✓ 保健眼睛
✓ 美顏
✓ 強化免疫力
✓ 預防癌症
✓ 預防骨質疏鬆
✓ 便祕者

山茼蒿富含 β-胡蘿蔔素，進入人體後會轉換成維生素 A，可以協助守護皮膚和黏膜，能修復肌膚、防止乾燥和產生細紋，並能減輕眼球疲勞。同時，山茼蒿也富有維生素 C，能提高人體免疫力。更難得的是，它同時含有鈣和有助骨骼形成的維生素 K，兩者相輔相成，強化骨骼健康。大量的食物纖維，也能促進腸胃蠕動，有預防大腸癌之潛力。

食材
山茼蒿 ⋯⋯⋯⋯ 250 克
黑木耳 ⋯⋯⋯⋯ 1 朵
辣椒 ⋯⋯⋯⋯ 1 條
鹽 ⋯⋯⋯⋯ 適量
油 ⋯⋯⋯⋯ 適量

步驟

1 山茼蒿切小段，木耳切絲，辣椒切斜片。

2 熱油爆香辣椒。

3 加入木耳和鹽翻炒均勻。

4 加入山茼蒿和少許水，蓋上鍋蓋將菜燜熟，再將所有食材炒均勻即完成。

蠔油油菜炒肉絲

特別適合食用

- ✓ 瘦身
- ✓ 美顏
- ✓ 保健眼睛
- ✓ 強化免疫力
- ✓ 預防骨質疏鬆
- ✓ 降血脂
- ✓ 降血膽固醇
- ✓ 便祕者

油菜富含維生素 A、維生素 B 群、維生素 E 和 β-胡蘿蔔素，有助於解除眼睛乾澀，並保護黏膜與皮膚。其中的 β-胡蘿蔔素與維生素 C 含量，在蔬菜中數一數二，可以強化免疫力。而鈣和鐵能促進血液循環，尤其鈣質含量更是菠菜的三倍，是補鈣良品。油菜富含膳食纖維，可促進腸道蠕動，減少脂肪吸收而降低血脂。人體為了補足膳食纖維帶走的膽汁，必須消耗膽固醇，因此也能降低血膽固醇。

食材

梅花豬肉絲	190 克
油菜	250 克
辣椒	1 條
大蒜	2 瓣
蠔油	1.5 大匙
（或素蠔油）	
油	適量

醃料

醬油	1 大匙
米酒	1 大匙
太白粉	1 小匙

步驟

1 豬肉絲用醃料抓醃，油菜切小段，辣椒切斜片，大蒜切末。

2 熱油，爆香辣椒和蒜末。

3 加入肉絲炒至全熟。

4 加入蠔油翻炒均勻。

5 加入油菜和少許水，蓋鍋蓋將菜燜熟後，將所有食材炒均勻即完成。

蒜香
龍鬚菜

特別適合食用

- ✓ 瘦身
- ✓ 美顏
- ✓ 貧血
- ✓ 身體發育
- ✓ 預防癌症
- ✓ 保健眼睛
- ✓ 提升免疫力
- ✓ 便祕者

龍鬚菜低熱量又富含膳食纖維，能促進腸胃蠕動，減少脂肪和致癌物質的吸收。同時它是高鐵和高鋅的蔬菜，鐵質能預防貧血，而鋅能促進各器官的發育成長，改善免疫功能、抗氧化能力。且富有維生素 A 的龍鬚菜，能保護眼球，預防夜盲症、乾眼症；幫助牙齒和骨骼的發育和生長；增進皮膚和黏膜健康，避免皮膚乾燥和落髮。

食材

龍鬚菜 …………… 250 克
大蒜 ………… 4 瓣
奶油 ………… 10 克
鹽 ………… 適量
油 ………… 適量

步驟

1 龍鬚菜切成小段，大蒜切片。

2 鍋中加一點油，並放入奶油加熱至融化。

3 加入蒜片炒香。

4 加入龍鬚菜、鹽和一點點水,將龍鬚菜
翻炒至熟即完成。

奶油蘑菇白菜

蔬食主角

白菜

屬於十字花科的白菜為著名的抗癌蔬菜，其白色莖葉部分未行光合作用，而含有抗氧化物質葉黃素，可減低癌症發生率；所含部分硫化合物，可以增加肝臟解毒酵素能力，以抑制早期癌細胞病變；所含吲哚可以使致癌物質無毒化。白菜富含的維生素與胡蘿蔔素，能保護心臟、肝臟與動脈。所含鎂與一些稀有元素，具抗衰老作用。大量膳食纖維能促進腸胃健康，增加膽固醇代謝，熱量低且飽足感高，適合減重者與糖尿病患。

特別適合食用

- ✓ 瘦身
- ✓ 美顏
- ✓ 抗癌
- ✓ 心血管疾病
- ✓ 糖尿病患
- ✓ 腸胃功能不佳者

食材

白菜	1/2 棵
蘑菇	10 朵
大蒜	2 瓣
奶油	10 克
動物性鮮奶油	200c.c.
高湯（或水）	150c.c.
鹽	適量
粗黑胡椒	少許

步驟

1 白菜切小片，蘑菇切一半，大蒜切片。

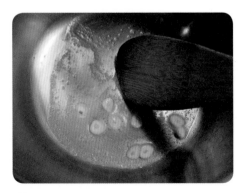

2 小火燒融奶油，並炒香蒜片。

3 加入白菜、動物性鮮奶油、鹽和高湯，
　　煮滾後蓋鍋蓋維持小滾燉 5 分鐘。

4 加入蘑菇和粗黑胡椒，再煮 5 分鐘即
　　可。

薑絲麻油紅鳳菜

特別適合食用

- ✓ 貧血
- ✓ 水腫
- ✓ 高血壓患者
- ✓ 增強免疫力
- ✓ 保健眼睛
- ✓ 預防骨質疏鬆

紅鳳菜屬性寒涼，為了減少食用顧忌，常加入薑和麻油同煮。豐富的鐵質，有助於造血作用，預防貧血，而有「天然補血劑」的美稱。其富有鉀與鈣，鉀能平衡體內水分代謝，消除水腫，降低血壓，而鈣能保護骨質與牙齒的健康。紅鳳菜的維生素 A 效力極強，可以保護黏膜、皮膚、增強抵抗力，並且減輕眼睛疲勞不適。

食材

紅鳳菜	250 克
薑	1 小段 2 公分
麻油	3 大匙
米酒	1 大匙
鹽	適量

步驟

1 紅鳳菜切掉莖部後切小段，薑切絲。

2 鍋中加入麻油，小火炒香薑絲。

3 加入紅鳳菜、米酒和鹽，翻炒到菜完全軟化即可。

小叮嚀　麻油遇高熱會產生苦味，因此料理過程要在小火下進行。

培根
高麗菜

特別適合食用

- ✓ 瘦身
- ✓ 美顏
- ✓ 腸胃潰瘍
- ✓ 糖尿病患
- ✓ 預防癌症
- ✓ 便祕者

高麗菜內的吲哚及異硫氰酸鹽，能預防多種癌症發生。含有錳，能增加新陳代謝，減少脂肪堆積。富含鉻，適量食用有助於維持血糖穩定，利於糖尿病患。高麗菜為天然改善腸胃功能的良方，因其富含硫配醣體，能減緩胃炎、胃潰瘍和十二指腸潰瘍所引起的不適。且含有大量膳食纖維，能促進排便，減少脂肪吸收。高麗菜富含的維生素 C 與胡蘿蔔素，能幫助淡化斑點與痘疤的色素，美白提亮肌膚。

食材

高麗菜	1/4 個
培根	170 克
大蒜	5 瓣
鹽	適量
油	適量

步驟

1 高麗菜和培根切成小片，蒜瓣用刀拍扁。

2 熱油，爆香蒜瓣。

3 加入培根翻炒至微微焦香。

4 加入高麗菜、鹽和少許水，蓋鍋蓋燜煮至蔬菜軟化，整體翻炒均勻即可。

焗烤菠菜
紅醬筆管麵

蔬食主角

菠菜

特別適合食用

- ✓ 美顏
- ✓ 預防癌症
- ✓ 增強免疫力
- ✓ 保健眼睛
- ✓ 糖尿病患
- ✓ 孕婦

菠菜熱量低，卻十分營養，蛋白質含量較一般蔬菜高，甚至能和牛奶相比。其維生素 C 含量為蔬菜之冠，能強化人體免疫力。菠菜富含的 β-胡蘿蔔素是抗氧化物質，有抗癌的效果；在人體內轉化為維生素 A，能保護眼睛、皮膚和黏膜。所含皂貳能刺激胰腺分泌，幫助醣類代謝，有益於糖尿病患者。高含量的葉酸是胎兒發育的必要營養素，因此也適合孕婦食用。另外葉酸若在胃酸中與維生素 B_{12} 結合，可強力地修復抑制癌症因子。

食材

菠菜 ············ 300 克
豬絞肉 ············ 260 克
切碎番茄罐頭 ············ 400 克
筆管麵 ············ 250 克（三人份）
紅酒 ············ 2 大匙
鹽 ············ 適量
義式香料 ············ 適量
乳酪絲 ············ 適量

步驟

1 乾鍋不放油，將豬絞肉炒熟。

2 加入切碎番茄、鹽、義式香料和紅酒，翻炒均勻並煮到小滾。

3 菠菜切小段,加入鍋中,翻炒至熟,即完成菠菜紅醬的部分。

4 另起一湯鍋,依照包裝指示煮熟筆管麵。

5 烤盤中依序放入筆管麵、菠菜紅醬和乳酪絲,用微波爐或烤箱加熱,使乳酪融化即可。

花枝
青江菜

特別適合食用

- ✓ 美顏
- ✓ 保健眼睛
- ✓ 保護牙齒
- ✓ 預防骨質疏鬆
- ✓ 發育中
- ✓ 老人
- ✓ 孕婦

青江菜鈣含量高，可避免骨質疏鬆和維持牙齒健康。含有的硫化物與維生素 C，具有抗氧化的效果，能促進新陳代謝。其富含的 β - 胡蘿蔔素，可於人體內轉換為維生素 A，幫助眼睛、口腔、氣管和小腸分泌黏液而受保護。青江菜含有的葉酸，是促進胎兒神經系統發育的必要營養素，適合懷孕食用。平時多食用葉酸，也被認為能保護腦部系統，減緩老年失智症的發生。

食材

青江菜	450 克
花枝	200 克
大蒜	2 瓣
醬油	1 大匙
米酒	1 大匙
沙茶醬	1 大匙
油	適量

步驟

1 青江菜切小段，花枝除去內臟切成圈，大蒜切末。

2 熱油，爆香蒜末。

3 加入花枝圈炒至全熟。

4 加入醬油、米酒和沙茶醬炒勻。

5 加入青江菜後，關上鍋蓋燜熟青江菜，再將所有食材炒勻即可。

皮蛋炒
莧菜

特別適合食用

- ✓ 瘦身
- ✓ 美顏
- ✓ 貧血
- ✓ 發育期
- ✓ 預防骨質疏鬆
- ✓ 便祕者

莧菜同時富含鈣和鐵，含鈣量與牛奶比毫不遜色，而含鐵量比豬肝更高。因此它有助於生長發育期，和預防骨質疏鬆，小孩與老人都適合食用。對補血也有功效，建議食用後搭配富含維生素 C 的水果類，更有利身體吸收鐵質。莧菜也擁有大量膳食纖維，對腸胃蠕動很有助益，也能減少脂質吸收，烹調後口感軟嫩，食用後極有飽足感，對減重者好處多多。

食材

莧菜 ………… 300 克
皮蛋 ………… 3 個
大蒜 ………… 2 瓣
鹽 ………… 適量
糖 ………… 少許
油 ………… 適量

步驟

1 莧菜切小段，皮蛋切小塊，大蒜切末。

2 熱油，爆香蒜末。

3 加入莧菜、鹽、糖和少許水，蓋鍋蓋
　將菜燜軟後炒勻。

4 加入皮蛋，拌炒至蛋黃凝固即可。

蝦醬
空心菜

特別適合食用

- ✓ 瘦身
- ✓ 心血管疾病
- ✓ 高血壓
- ✓ 保健眼睛
- ✓ 預防癌症
- ✓ 腸胃功能失調
- ✓ 便祕者

空心菜的營養價值高，在蔬菜中含有較多的蛋白質。其富含的膳食纖維，有促進腸胃蠕動，通便解毒，降低脂質吸收的效果。此外，空心菜能預防腸內菌相失調，而對防癌有助益。含有高量的葉黃素，對改善眼睛疲勞有幫助。高膳食纖維、含鉀、含鈣，這些特質對心血管健康都有幫助，特別是針對高血壓患者。

食材

空心菜 ············ 250 克
大蒜 ············ 2 瓣
辣椒 ············ 1 條
蝦醬 ············ 1/2 大匙
糖 ············ 少許
油 ············ 適量

步驟

1 空心菜切小段，大蒜切末，辣椒切小片。

2 熱油，爆香蝦醬、蒜末和辣椒。

3 加入空心菜和少許糖和水，蓋鍋蓋燜熟後，炒均勻即可。

小叮嚀　蝦醬是極鹹的調味料，記得不要一次放太多，也不需要再加鹽。

乾鍋翠玉娃娃菜

特別適合食用

- ✓ 瘦身
- ✓ 高血壓
- ✓ 預防癌症
- ✓ 預防骨質疏鬆
- ✓ 增強免疫力
- ✓ 改善疲勞
- ✓ 便祕者

娃娃菜富含維生素 C 和維生素 B 群，有增強免疫力與改善疲勞的功效。含有 β-胡蘿蔔素和硒，皆為強力的抗氧化劑，有助減低癌症的發生率。膳食纖維含量高，除了促進腸胃蠕動，也能降低脂質的吸收。娃娃菜含有的鉀，能協助鹽分排出體外，而有利尿功用；調節肌肉的收縮、管理神經系統的傳遞，對肌肉協調和神經系統的健康都有幫助，也能預防高血壓。所含維生素 D，有利鈣質吸收，而能預防骨質疏鬆和維持骨骼健康。

食材

娃娃菜	4 棵
五花肉片	150 克
大蒜	2 瓣
乾辣椒	6 條
油	適量

調味料

豆瓣醬	1 大匙
醬油	1 大匙
米酒	1 小匙
糖	1 小匙
水	100c.c.

步驟

1 娃娃菜縱切成 1/4，五花肉切小片，大蒜切末，乾辣椒剪成小段，調味料在小碗內調勻。

2 熱油,爆香蒜末和乾辣椒。

3 加入五花肉片炒熟,且邊緣微微捲曲。

4 加入娃娃菜和調味料,蓋鍋蓋燜煮至軟化,再拌炒均勻即可。

樹子小魚炒山蘇

蔬食主角
山蘇

特別適合食用

- ✓ 瘦身
- ✓ 美顏
- ✓ 高血壓
- ✓ 提高免疫力
- ✓ 保健眼睛
- ✓ 疲勞
- ✓ 水腫
- ✓ 便祕者

山蘇營養豐富，蛋白質含量較一般蔬菜高。膳食纖維含量特別高，可和青花菜媲美，因此有益腸胃蠕動，更能降低脂質吸收。高鉀低鈉的營養特性，使它不易產生血管壓力，而適合高血壓族群食用。鉀能促使體內多餘的水排出體外，因此具有利尿作用，可改善水腫。富含 β-胡蘿蔔素，具抗氧化能力，且對眼睛健康有幫助。富含維生素 A、C 和 B 群，可提高免疫力，保護皮膚和黏膜，改善疲勞。

食材

山蘇	220 克
小魚乾	15 克
樹子（帶醬汁）	2 大匙
大蒜	2 瓣
辣椒	1 條
鹽	適量
油	適量

步驟

1 山蘇去除老硬部切小段，小魚乾用溫水泡軟，大蒜切末，辣椒切斜片。

2 熱油，爆香蒜末和辣椒。

3 加入小魚乾炒香。

4 加入山蘇、樹子和鹽,拌炒到山蘇青翠油亮即可。

瓜果類
Plant Fruit Vegetables

瓜果類蔬菜，指的是可食用的植物果實，一般口感軟嫩多汁，十分受到歡迎。這類蔬菜因為主要成分為水，所以蛋白質、醣類、脂肪和膳食纖維含量相對較低。

瓜果類所含維生素通常以維生素 C 為主，例如：小黃瓜、甜椒等等。番茄的維生素 C 含量雖然不是特別高，但因其受到有機酸保護，進入體內損失較少，且為平價常見的蔬果，因此是維生素 C 很好的來源。而傳統的美容聖品小黃瓜，有助於保護和修復皮膚細胞，且有美白和促進膠原蛋白生成的效果。然而，小黃瓜所含的維生素 C 在生食時容易受抗壞血酸氧化酶破壞，因此建議加熱後食用。

植化素方面，一般以類胡蘿蔔素較多，如 β-胡蘿蔔素和茄紅素等等，甜椒、番茄等都是很好的來源。類胡蘿蔔素具有強大的抗氧化力，能夠提升免疫力、預防心血管疾病與癌症。類胡蘿蔔素中的 α-胡蘿蔔素、β-胡蘿蔔素、γ-胡蘿蔔素、β-隱黃質又稱為維生素原 A，即維生素 A 的前驅物，進入人體內可轉化為維生素 A。維生素 A 以能保護眼睛、皮膚與骨骼的功效而被重視。

其他特殊的植化素，例如絲瓜所含有的槲皮素、楊梅素、芹菜素，具有抗氧化力，也能降低心血管疾病的發生率。值得一提的是，小黃瓜、大黃瓜與冬瓜含有的丙醇二酸，能抑制醣類在人體內轉化為脂肪，因此是減重的明星蔬菜。

含水量較多的瓜果類最重要也是最困難的烹調技巧，便是水分的控制。控制水分需要考慮的兩大因素為──多少與多久。多少指的是需要添加多少水，出鍋時所剩下的液體醬汁水量剛剛好；多久指的是需要在水中煮多久，料理成品才均勻熟透且軟硬適中。

　　以南瓜為例，雖然其組織堅硬，但加熱後會釋出頗多水分。因此料理時，我會先將南瓜切成大小相近，且體積適中的小塊，並在鍋中均勻地鋪上南瓜塊。然後我會先加入液態的所有調味料，再補一些水，整體的水位約在南瓜的三分之一高度。開始加熱後，我會蓋上鍋蓋，之後南瓜會漸漸釋出水分，而這些水分加上之前添加的液態調味醬汁的高度，剛好可以淹過南瓜，讓南瓜充分浸煮。當南瓜煮到將熟時，我再打開鍋蓋，讓多餘的醬汁水分蒸發。當料理完成時，南瓜不但熟透軟糯，鍋底也不會殘留過量的醬汁。

　　至於無水料理曾經紅遍一時，其實原理就是使用水分多的食材，如瓜果類和菇類，並在一個封閉完全的鍋子中，用較低溫和長時間燉煮。如此在加熱的過程中，食材會釋出水分，而水分會蒸發並充滿在鍋內將食材全部蒸熟。等到控溫和控水的技巧都提升了，也可以嘗試這類無水料理。

小星星 打拋豬

蔬食主角
秋葵

特別適合食用

✓ 瘦身
✓ 提高免疫力
✓ 保健眼睛
✓ 乳糖不耐症
✓ 高血壓
✓ 預防癌症
✓ 腸胃功能不佳者

秋葵含有豐富的水溶性纖維，能促進腸胃道機能、降血壓與預防大腸癌，此外能增加飽足感，因此對體重控制有幫助。另外，秋葵的黏液可以吸附在胃壁上，以保護胃黏膜，而改善消化不良。秋葵富含鈣質，是補充鈣優秀的天然食材，更成了乳糖不耐症患者的福音。秋葵另含有較多的維生素 A 與 β - 胡蘿蔔素，能夠保護視力、強化免疫系統與防癌。富含調節血壓的鎂、鉀跟鈣也是一項優點。

食材

豬絞肉 ………… 350 克
秋葵 ………… 6 條
辣椒 ………… 2 條
大蒜 ………… 3 瓣
九層塔 ………… 適量
醬油 ………… 2 大匙
魚露 ………… 1 小匙

步驟

1 秋葵去頭去尾切成小星星片狀，辣椒切片，大蒜切末。

2 乾鍋不放油，將絞肉炒熟並逼出豬油。

3 用逼出的豬油，爆香辣
　椒和蒜末。

4 加入秋葵、醬油和魚露
　炒均勻。

5 加入九層塔拌炒，熟透
　即完成。

雙筍
炒蝦仁

蔬食主角
玉米筍

特別適合食用

- ✓ 瘦身
- ✓ 美顏
- ✓ 保健眼睛
- ✓ 預防癌症
- ✓ 預防阿茲海默症
- ✓ 貧血
- ✓ 預防骨質疏鬆
- ✓ 高血壓
- ✓ 水腫
- ✓ 孕婦
- ✓ 便祕者

玉米筍低熱量、富含纖維質，是減重良伴。玉米筍所含的類胡蘿蔔素能預防癌症和眼睛疾病，黃體素和玉米黃質也能維護眼睛健康。玉米筍富含鉀，能夠協助體內鹽分和廢物排出，而預防高血壓和水腫。所含鈣質能預防骨質疏鬆，所含鐵能預防缺鐵性貧血。玉米筍也富含葉酸，葉酸是人體製造胺基酸的重要原料，並與阿茲海默症有關，攝取足夠的葉酸能夠改善認知能力、預防記憶力下降。另外，葉酸也是胎兒成長的重要營養素，因此適合孕婦食用。

食材

蝦仁 ………… 300 克
蘆筍 ………… 120 克
玉米筍 ………… 10 條
薑 ………… 1 小段 1 公分
鹽 ………… 少許
油 ………… 適量

醃料

米酒 ………… 2 大匙
鹽 ………… 1 小匙
糖 ………… 1 小匙
太白粉 ………… 1 小匙
胡椒粉 ………… 少許

步驟

1 蝦仁用醃料抓醃，玉米筍和蘆筍切小段，薑切末。

2 熱油，將蝦仁炒至九分熟，盛起備用。

3 用鍋內剩下的油爆香薑末。

4 加入玉米筍和蘆筍炒至九分熟。

5 加回蝦仁,並再加入少許鹽調味,所有食材炒至全熟即可起鍋。

普羅旺斯燉菜

蔬食主角
甜椒

特別適合食用

- ✓ 瘦身
- ✓ 美顏
- ✓ 提高免疫力
- ✓ 心血管疾病
- ✓ 保健眼睛

甜椒含有豐富的維生素 C，含量是柳丁的兩倍多，只要一天吃 1 ～ 2 個甜椒，就能滿足一天所需的維生素 C。而這使得甜椒具有提升免疫力的功效，且是身體對抗自由基傷害的好幫手；能淡斑、美白，促進膠原蛋白的生成。它也富含 β- 胡蘿蔔素，有助眼睛健康，抗氧化和抗老化。散發甜椒特殊香氣的物質是吡嗪，可使血液流通順暢，而預防腦中風、心肌梗塞等心血管疾病的風險。辣椒素能燃燒脂肪，達到瘦身功效。

食材

紅甜椒 ………… 1 個
黃甜椒 ………… 1 個
番茄 …………… 1 個
櫛瓜 …………… 1 條
洋蔥 …………… 1/2 個
茄子 …………… 1/2 條
橄欖油 ………… 適量

調味料

義式綜合香料粉 ………… 1/2 大匙
番茄醬 …………… 1 大匙
月桂葉 …………… 2 片
黑胡椒粒 ………… 少許
鹽 ……………… 適量

步驟

1 所有蔬菜切成適口大小。

2 在深鍋中熱橄欖油，將洋蔥炒至金黃色。

3 加入櫛瓜和茄子炒軟。

4 加入甜椒炒軟。

5 加入番茄和調味料,拌勻後蓋上鍋蓋,用小火燉 20 ~ 30 分鐘即可。

小叮嚀　燉煮期間攪拌幾次,以防焦底。

塔香茄子

特別適合食用

✓ 美顏
✓ 心血管疾病
✓ 提高免疫力
✓ 預防癌症
✓ 消化不良

茄子富含生物類黃酮，尤其是它紫色的表皮，含有能抗氧化的花青素。花青素此種植化素，與維生素 C 有協同作用，能幫助維生素 C 的吸收，進而提升免疫力。另外，類黃酮與維生素 E 能維護血管功能，因此對於高血壓、動脈粥狀硬化等心血管疾病有保健功效。而其含有的皂草甙，能降低血膽固醇。茄子含有龍葵鹼，具有預防癌症的潛力。食用茄子會增加乙醯膽鹼釋放，使消化液分泌增加，腸胃功能改善。

食材

茄子	1.5 條
薑	1 小段 1 公分
辣椒	1 條
九層塔	適量
油	適量

調味料

麻油	2 大匙
醬油	2 大匙
米酒	1 大匙
糖	1 小匙

步驟

1 茄子切成小段，薑切末，辣椒切片。

2 熱油，爆香薑末和辣椒。

3 茄子紫色面朝下煎 3 分鐘。

4 茄子翻面，加入調味料炒勻吸收。

5 起鍋前加入九層塔拌炒至香即可。

紅燒
冬瓜

蔬食主角
冬瓜

┌─ 特別適合食用 ─┐

✓ 瘦身
✓ 美顏
✓ 腸胃潰瘍
✓ 提高免疫力
✓ 消除水腫
✓ 老人

冬瓜水分含量高，而膳食纖維含量不高，所以烹調後易入口，很適合老人食用。因為對腸胃的負擔低，故適合腸胃炎或胃潰瘍的人。冬瓜熱量低，且其含有的丙醇二酸，能抑制人體將醣類轉化為脂肪，因此利於減肥。所含鈉含量極低，而利尿消水腫。富含維生素 C，可提高人體免疫力，並可養顏美容。冬瓜含有組氨酸、尿酶、多種維生素和礦物質，特別有益美白。

食材

冬瓜 ………… 1000 克
乾香菇 ………… 5 朵
薑 ………… 1 小段 1 公分
八角 ………… 3 個
醬油 ………… 3 大匙
味醂 ………… 2 大匙
糖 ………… 1 大匙
香菇水 ………… 100c.c.

步驟

1 冬瓜去皮去籽後切小塊。乾香菇預先泡軟，切成 1/4，香菇水留用。薑切片。

2 熱油，炒香薑片。

3 加入冬瓜、香菇、八角、醬油、味醂、
糖和 100c.c. 香菇水，煮沸後維持小
滾，煮至冬瓜軟化即可。

蒲瓜
貢丸

特別適合食用

- ✓ 美顏
- ✓ 保健眼睛
- ✓ 提升免疫力
- ✓ 糖尿病患
- ✓ 預防癌症

蒲瓜含有豐富的維生素 C，有助於提高人體免疫力。另外蒲瓜含有兩種胰蛋白酶抑制物，可抑制胰蛋白酶，從而降低血糖。富含胡蘿蔔素，具有抗氧化能力，預防癌症發生；對眼睛有益，可構成視覺細胞內的感光物質；能保護皮膚與黏膜，進而提升免疫力。此外，蒲瓜含有一種干擾素的誘生劑，能刺激體內分泌干擾素，而發揮抗病毒與抗腫瘤的作用。

食材

蒲瓜 ············ 1 個
貢丸 ············ 12 個
大蒜 ············ 2 瓣
鹽 ············ 適量
糖 ············ 1 小匙
油 ············ 適量

步驟

1　蒲瓜去皮去籽切成小塊，貢丸切十字刻花，蒜切末。

2　熱油，爆香蒜末。

3 加入蒲瓜和到一半高度的水,蓋鍋蓋燜
　煮至軟化。

4 加入貢丸,煮至熟透且十字裂開,加
　鹽、糖調味即可。

小黃瓜炒肉

蔬食主角
小黃瓜

┌─ 特別適合食用 ─┐

✓ 瘦身
✓ 美顏
✓ 預防癌症
✓ 消除水腫
✓ 提高免疫力
✓ 便祕者

食材

豬里肌肉片 ………… 210 克
小黃瓜 ………… 1 條
辣椒 ………… 1 條
大蒜 ………… 2 瓣
油 ………… 適量

醃料

醬油 ………… 2 大匙
米酒 ………… 2 大匙
太白粉 ………… 1 小匙

步驟

1 豬里肌肉片用醃料抓醃,小黃瓜切成菱形片,辣椒切斜片,大蒜切末。

2 熱油,爆香辣椒和蒜末。

3 加入肉片炒至全熟。

4 加入小黃瓜片,翻炒至喜歡的脆度即完成。

小黃瓜含水量高，且含有鉀，能促進體內鹽分和廢物排出，而消除水腫。高纖維也能促進腸胃蠕動，減少脂質吸收。特別的是小黃瓜含有丙醇二酸，可以抑制醣類轉化為脂肪，是減重的良伴。豐富的維生素 C 有助於保護和修復皮膚細胞，有助美白、促進膠原蛋白形成。但其所含維生素 C 在生食時，容易被抗壞血酸氧化酶破壞，若熟食可解決此問題。除了多種抗氧化物質外，小黃瓜還含有苦瓜素，為抗癌物質。

木須黃瓜炒蛋

食材

小黃瓜 ············ 1 條
雞蛋 ············ 4 個
黑木耳 ············ 60 克
薑 ············ 1 小段 1 公分
油 ············ 適量

調味料

醬油 ············ 2 大匙
米酒 ············ 1 大匙
糖 ············ 1 小匙

步驟

1 小黃瓜切菱形片，木耳切粗絲，薑切末，雞蛋於碗中打散。

2 熱油炒蛋，並用鍋鏟將蛋切成小塊。

3 加入薑末和黑木耳炒香，並加入調味料翻炒。

4 加入小黃瓜翻炒幾下，保有脆度即可。

鮮菇絲瓜蛤蜊

特別適合食用

- ✓ 瘦身
- ✓ 美顏
- ✓ 增強免疫力
- ✓ 心血管疾病
- ✓ 預防癌症
- ✓ 孕婦
- ✓ 便祕者

絲瓜具有能美白皮膚的維生素 C，與延緩皮膚老化的維生素 B 群，自古就是美容良方。其含有的葉酸，可以保護心血管的機能，葉酸也是胎兒發育的重要營養素，因此適合孕婦食用。絲瓜含有豐富的膳食纖維，能促進腸胃蠕動、預防便祕、減少脂肪吸收。所含之楊梅素、櫟皮素和芹菜素，都有保持血管通順的功效，因此能預防動脈硬化。絲瓜內的皂貳和葫蘆巴鹼，具有抗氧化效果，而有抗癌潛力。

食材

絲瓜	…………	1/2 條
蛤蜊（已吐沙）	…………	120 克
鴻喜菇	…………	50 克
雪白菇	…………	50 克
薑	…………	1 小段 1 公分
醬油	…………	1 大匙
糖	…………	少許
香油	…………	少許
油	…………	適量

步驟

1 絲瓜削皮後切厚片，菇類去除基部後剝成小束，薑切絲。

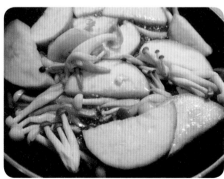

2 熱油爆香薑絲後，加入絲瓜、菇類、醬油和糖拌炒至食材變軟。

3 加入蛤蜊，蓋上鍋蓋，等蛤蜊全開後，淋一點香油出鍋。

櫛瓜蝦米雞丁

特別適合食用

- ✓ 瘦身
- ✓ 美顏
- ✓ 消水腫
- ✓ 高血壓
- ✓ 預防骨質疏鬆
- ✓ 增強免疫力

櫛瓜營養豐富，低糖分、低熱量的特性，使其適合做為減重食材。櫛瓜富含鉀，可協助排出鹽分，消除水腫，預防高血壓。因其高鐵高鈣的特性，食用可幫助改善貧血和氣色不佳，預防骨質疏鬆，強化骨骼和牙齒。含有維生素 C，能提升免疫力，並使肌膚狀況變好。β- 胡蘿蔔素和維生素 B 群，具有抗氧化性，且能促進新陳代謝。β- 胡蘿蔔素能在人體內轉化為維生素 A，保護皮膚和黏膜的健康，也可提高免疫力。

食材

雞里肌肉	250 克
綠櫛瓜	1 條
黃櫛瓜	1 條
蝦米	25 克
鹽	適量
糖	少許
胡椒粉	少許
油	適量

醃料

醬油	2 大匙
米酒	2 大匙
太白粉	1 小匙

步驟

1 雞里肌肉切成雞丁，用醃料抓醃。櫛瓜去頭去尾後切成小塊。

2 熱油，炒香蝦米。

3 加入雞丁，翻炒至全熟。

4 加入櫛瓜、鹽、糖和胡
椒粉，炒至櫛瓜熟軟即
完成。

佛手瓜炒培根

特別適合食用

- ✓ 瘦身
- ✓ 美顏
- ✓ 不孕症
- ✓ 心血管疾病
- ✓ 增強抵抗力
- ✓ 智力發展

佛手瓜在瓜類蔬菜中營養特別高，含有豐富維生素 A 與維生素 C，可以增強抵抗力。常吃佛手瓜有助利尿與排出鈉，而能擴張血管降低血壓，是心血管疾病患者的保健蔬菜。佛手瓜含鋅較多，可幫助兒童智力發展。其含硒較多，為人體所需之必要微量元素，可以抗氧化，保護細胞膜的結構與功能。另外它對營養失衡造成的男女不孕症有功效，能強腎生精。在瓜類蔬菜中，營養全面、水分多、熱量低，推薦在減重時食用。

食材

佛手瓜	3 個
培根	170 克
大蒜	2 瓣
鹽	適量
黑胡椒粒	少許
油	適量

步驟

1 佛手瓜削皮後切成小片，培根切小片，大蒜切末。

2 熱油，爆香蒜末。

3 加入培根炒至邊緣捲曲。

4 加入佛手瓜，拌炒至微軟而有脆度，
並加鹽和黑胡椒粒調味即可。

南瓜栗子
燒雞

特別適合食用

- ✓ 美顏
- ✓ 提升免疫力
- ✓ 心血管疾病
- ✓ 保健眼睛
- ✓ 便祕者

南瓜中所含的維生素 C、維生素 E 和葉酸，有助於提升免疫力。其富含的維生素 A 與 β- 胡蘿蔔素，具有抗氧化能力，並能保護黏膜和皮膚。南瓜所含的維生素 A 與 β- 胡蘿蔔素，和其他維生素與礦物質，可以預防與年齡相關的眼球黃斑部病變。南瓜含有的膳食纖維、鎂和鉀，能夠改善血壓和血膽固醇含量，因此適合心血管疾病患者食用。果肉中大量的膳食纖維，對於腸胃蠕動不佳者也有所助益。

食材

南瓜 ………… 300 克
去骨雞腿肉 ………… 2 塊（400 克）
熟栗子 ………… 150 克
薑 ………… 1 小段 1 公分
油 ………… 適量

醃料

醬油 ………… 2 大匙
米酒 ………… 2 大匙

調味料

醬油 ………… 1 大匙
味醂 ………… 2 大匙
水 ………… 150c.c.

步驟

1 南瓜去籽，切成小塊。去骨雞腿肉切丁，用醃料抓醃。薑切片。

2 熱油，爆香薑片。

3 加入雞丁，翻炒至表面金黃色。

4 加入南瓜、栗子和調味料，煮至南瓜軟糯即可。

義式茄汁燉肉丸

特別適合食用

- ✓ 美顏
- ✓ 提高免疫力
- ✓ 保健眼睛
- ✓ 預防癌症
- ✓ 預防心血管疾病
- ✓ 預防骨質疏鬆
- ✓ 高血壓
- ✓ 消水腫
- ✓ 延緩老化

番茄富含抗氧化物如茄紅素等，能降低血小板的活性，從而降低心血管疾病如血栓、中風與心臟病的發生率。番茄可以增加皮膚膠原蛋白的含量，而能保護肌膚。茄紅素可清除紫外線照射產生的自由基，而能延緩皮膚老化，並預防癌症。血液中富含茄紅素可降低罹患癌症的機率，尤其是子宮頸癌、攝護腺癌和胰臟癌。番茄富含維生素 A，能提高免疫力、視力和皮膚健康。富含維生素 K，能強化骨骼。富含鉀，能降低血壓、消除水腫。

食材

切碎番茄罐頭 ·········· 800 克
豬絞肉 ·········· 350 克
洋蔥 ·········· 1/2 個
大蒜 ·········· 3 瓣
橄欖油 ·········· 適量

醃料

麵包粉 ·········· 20 克
全蛋 ·········· 1 個
鹽 ·········· 1 小匙
義式香料粉 ·········· 1 小匙
黑胡椒 ·········· 1/2 小匙

調味料

紅酒 ·········· 60c.c.
鹽 ·········· 1/2 小匙
義式香料粉 ·········· 1 小匙
黑胡椒 ·········· 1/2 小匙
水 ·········· 200c.c.

步驟

1 豬絞肉和醃料混勻，至有黏性產生。

2 洋蔥切小丁,蒜切碎。
熱橄欖油,炒香洋蔥和
蒜末。

3 加入切碎番茄罐頭和調
味料煮滾。

4 將絞肉揉成肉丸,放入
茄汁中定型,再燉煮 30
分鐘即可。

根莖類
Root and Tuber

　　根莖類蔬菜通常指的是植物為了儲藏養分，所演化出的膨大根莖部，例如：蘿蔔、馬鈴薯、芋頭等等。這類的蔬菜給予人對「根莖類」的刻板印象，即澱粉含量高、營養素較少、膳食纖維較少，而不利減重與健康。其實，另有許多根莖類是澱粉含量低，營養素又十分豐富的，常見的蔬菜如綠蘆筍、水蓮、菱白筍、芹菜等等即屬於此類。

　　現代人為了維持身材或管理健康，流行「減醣」的概念。塊狀的根莖類蔬菜，其澱粉含量一般介於糧食作物（米、麥等）與其他類蔬菜之間，但常含有特殊的營養物質。例如，芋頭澱粉含量雖高，但它的膳食纖維、蛋白質與維生素也很豐富。而且芋頭擁有皂素，可抗氧化和降低血膽固醇。還有特殊的粘液蛋白，可以提高免疫力、預防癌症並促進肝臟解毒。

　　倘若處於減醣的情況下，有種方式是將白米和麵食等傳統澱粉來源，改用營養的根莖類蔬菜來取代，例如芋頭、菱角都是很不錯的選擇。而竹筍、菱白筍等根莖類蔬菜的膳食纖維含量豐富，可以減少脂肪吸收，其實有利於減重，此優點也不容忽視。

　　許多根莖類蔬菜為高鉀蔬菜，適量攝取有益體內的鹽分和廢物排出體外，而達到降低血壓，以及消水腫的功效。另外，根莖類中的微量元素「硒」常被討論，其在體內只要微量就能維持生理運作，可以幫助身體清除自由基，並提升免疫力，預防癌症。若是體內硒濃度不足，容易發生心臟疾病，甚至導致心

臟衰竭。幸運的是，我們只要適當的補充根莖類蔬菜，硒便不虞匱乏。也不必過度補充，因若長期過量攝取硒，會傷害大腦、神經與肝腎，過猶不及都不好。

　　塊狀的根莖類蔬菜，非常適合用紅燒、燉煮、熬湯等較長時間的方式料理。譬如燒雞或燒豬肉，芋頭燒肉、竹筍燒肉都非常美味。燉煮的話，馬鈴薯燉肉這道有名的日本家常菜，簡單不需技巧，料理新手一定要學起來。而煮湯的話，竹筍湯、蘿蔔湯等都是家常菜色，除此之外，甜湯方面使用芋頭很常見，特別推薦香濃可口的檳榔心芋。而前述非塊狀的根莖類蔬菜，例如綠蘆筍、水蓮、茭白筍、芹菜等等，則適合短時間的快炒，否則風味、營養盡失。

　　料理新手可從燉菜或燉肉料理開始學習，因為步驟容易，能和根莖類同煮的食材又多，簡單料理就能有變化性。燉煮到收尾時，可以考慮需留下多少的醬汁，收汁濃稠者風味濃郁，留下一些醬汁則可以拌飯或拌麵。但有些習慣作為湯類的燉菜，就需要留下較多的湯汁，例如馬鈴薯燉肉。

竹筍炒肉絲

特別適合食用

- ✓ 瘦身
- ✓ 美顏
- ✓ 高血壓
- ✓ 情緒不穩
- ✓ 壓力大
- ✓ 預防癌症
- ✓ 水腫
- ✓ 便祕者

竹筍膳食纖維多且熱量低，吃了容易有飽足感，且能促進腸胃蠕動，減低脂肪吸收，是減重的優良食材。高鉀的竹筍，能夠協助排出鹽分和廢物，因此能降低高血壓風險，且消除水腫。其含有多種抗癌的多醣類，因而有預防癌症的潛力。酪胺酸是竹筍的甜味來源，它是大腦神經傳導物質的重要原料，包括多巴胺、腎上腺素與正腎上腺素，有助於減輕壓力、穩定情緒、抵抗憂鬱。然而，竹筍比較難消化，一般建議與肉類同食，能藉由脂肪保護腸胃。

食材

豬梅花肉絲 ………… 210 克
真空水煮綠竹筍 ………… 150 克
辣椒 ………… 1 條
麻油 ………… 1 小匙
豆瓣醬 ………… 1 小匙
油 ………… 適量

醃料

醬油 ………… 1 大匙
米酒 ………… 1 大匙
太白粉 ………… 1 小匙

步驟

1 豬肉絲用醃料抓醃，竹筍切細絲，辣椒切斜片。

2 熱油，爆香辣椒。

3 將豬肉絲炒至全熟。

4 加入麻油和豆瓣醬炒均匀。

5 加入竹筍絲翻炒均匀即完成。

香菇炒水蓮

蔬食主角
水蓮

特別適合食用

- ✓ 瘦身
- ✓ 美顏
- ✓ 貧血
- ✓ 受傷
- ✓ 高血壓
- ✓ 水腫
- ✓ 肝硬化
- ✓ 便祕者

水蓮熱量低，膳食纖維含量高，非常適合減重或腸胃不順暢的人。且水蓮富含鐵，能預防貧血，且鋅也非常多，有加速傷口復原、維持皮膚健康作用。水蓮為高鉀蔬菜，可以幫助體內鹽分和廢物排除，對維持血壓有益，也可以消除水腫。它也富有維生素 B_{12}，是細胞生長分裂與維持神經細胞的必要營養素，可以防治貧血、肝炎和肝硬化。

食材

水蓮 ………… 200 克
香菇 ………… 3 朵
大蒜 ………… 2 瓣
蝦皮 ………… 2 大匙
醬油 ………… 1/2 大匙
鹽 ………… 適量
糖 ………… 少許
油 ………… 適量

步驟

1 水蓮切小段，香菇切片，大蒜切末。

2 熱油，爆香蒜末和蝦皮。

3 加入香菇和醬油炒軟。

4 加入水蓮、鹽和糖，翻炒至熟即可。

芋頭
燒五花

特別適合食用

- ✓ 美顏
- ✓ 水腫
- ✓ 高血壓
- ✓ 提高免疫力
- ✓ 解毒
- ✓ 預防癌症
- ✓ 便祕者

芋頭富含澱粉類但含有較多的膳食纖維、維生素和蛋白質，可以取代傳統澱粉主食。芋頭鉀含量很高，具有利尿效果，有助排出鹽分與廢物，而適合水腫與高血壓患者食用。芋頭含有豐富的皂素，具抗氧化能力，能延緩老化並降低血膽固醇。其含有特殊的黏液蛋白，被體內吸收後可轉化為免疫球蛋白，提升免疫力，並促進肝臟解毒，有抗癌的潛力。

食材

芋頭 ………… 300 克
豬五花肉 ………… 300 克
薑 ………… 1 小段 1 公分
八角 ………… 3 個
糖 ………… 2 大匙
五香粉 ………… 1/2 大匙
醬油 ………… 200c.c.
米酒 ………… 200c.c.
水 ………… 200c.c.
油 ………… 2 大匙

步驟

1 五花肉切成小片，芋頭切小塊，薑切片。

2 乾鍋不放油，炒熟五花肉後盛起備用。

3 鍋內放入油和糖，炒至
糖融化呈焦糖色後，加
回五花肉，炒至裹上一
層焦糖。

4 加入八角、薑、五香粉、
醬油、米酒和水，煮滾
後用中火煮 30 分鐘。

5 加入芋頭，蓋上鍋蓋，
用小火續煮 15～30 分
鐘到喜歡的軟度即可。

茭白筍
炒蝦仁

特別適合食用

- ✓ 瘦身
- ✓ 美顏
- ✓ 提高免疫力
- ✓ 預防骨質疏鬆
- ✓ 高血壓
- ✓ 水腫
- ✓ 促進新陳代謝
- ✓ 便祕者

茭白筍熱量低，富含膳食纖維，對於減脂、促進腸胃蠕動非常有幫助。另外它含有維生素 C，能增進免疫力，並有美白淡斑、維持皮膚健康的效果。茭白筍為高鉀蔬菜，能夠協助排出體內的鹽分和廢物，而有降血壓的功效，也能消除水腫。有時候茭白筍上會有小黑點，這是菰黑穗菌所造成，這是一種寄生菌，對人體新陳代謝有正面效果，還能防止骨質疏鬆、延緩骨質老化。

食材

茭白筍 ………… 4 條
蝦仁 ………… 150 克
薑 ………… 1 小段 1 公分
蒜 ………… 2 瓣
鹽 ………… 少許
糖 ………… 少許
油 ………… 適量

醃料

米酒 ………… 1 大匙
鹽 ………… 1 小匙
太白粉 ………… 1 小匙

步驟

1 茭白筍剝去筍殼，切斜片。蝦仁去除腸泥，用醃料抓醃。薑蒜切末。

2 熱油，將蝦仁炒至九分熟，盛起備用。

3 用鍋中剩下的油，爆香薑蒜末。

4 加入茭白筍片和少量清水，蓋鍋蓋燜熟茭白筍。

5 加回蝦仁，並加少許鹽、糖調味，炒至蝦仁全熟即完成。

小叮嚀　燜熟茭白筍時建議開蓋翻面一次，以免燒焦。

綠蘆筍
肉捲

特別適合食用

- ✓ 瘦身
- ✓ 美顏
- ✓ 保健眼睛
- ✓ 提高免疫力
- ✓ 預防癌症
- ✓ 心血管疾病

蘆筍含有硒,具有抗氧化能力,保護細胞膜,促使癌細胞凋亡與預防癌症。其含有的 β- 胡蘿蔔素也是抗氧化劑,也能抑制癌細胞生成,增加免疫力,在體內轉化為維生素 A 後,更可以預防眼睛疾病。更特別的是,蘆筍含有的蘆丁是一種具有強抗氧化力的類黃酮,不僅能預防癌症,還可以預防高血壓和動脈硬化。蘆丁另可以幫助燃燒褐色脂肪,有利於減肥。蘆筍含有的天門冬醯胺也有抗癌和對抗心血管疾病的效果。

食材

蘆筍 ………… 180 克
長型豬肉片 ………… 10 片
油 ………… 適量

調味料

醬油 ………… 2 大匙
米酒 ………… 2 大匙
味醂 ………… 2 大匙

步驟

1 蘆筍用滾水燙熟後,瀝乾放涼,切成約 4 公分的小段。

2 用豬肉片將蘆筍捲起，
形成肉捲。

3 熱油，先將肉捲接合處
朝下煎，再將肉捲整個
煎熟。

4 加入調味料，收汁濃稠
且肉捲上色即完成。

芹菜炒甜不辣

特別適合食用

- ✓ 瘦身
- ✓ 美顏
- ✓ 保健眼睛
- ✓ 高血壓
- ✓ 水腫
- ✓ 預防癌症
- ✓ 便祕者

芹菜富含膳食纖維，具有促進腸胃蠕動的功效，有助排便，並減少脂肪吸收。另外，芹菜屬於高鉀的食物，能促進廢物和鹽分排出，而有降血壓、消水腫的效果。芹菜含有特殊的芹菜素，具有抗氧化力，能消除自由基，具有延緩老化、預防癌症的功效。芹菜含有的 β - 胡蘿蔔素也能抗氧化，且對於眼睛健康有助益。

食材

芹菜 ………… 12 支
甜不辣 ………… 200 克
薑 ………… 1 小段 1 公分
鹽 ………… 適量
糖 ………… 少許
胡椒粉 ………… 少許
油 ………… 適量

步驟

1 芹菜莖部切小段，薑切末。

2 熱油，爆香薑末。

3 加入甜不辣、鹽、糖和胡椒粉,拌炒到甜不辣變軟。

4 加入芹菜翻炒至熟即可。

鹽小卷
西洋芹

西洋芹含有豐富的鉀，對於原發性、妊娠性及更年期高血壓均有預防效果，並且能協助體內廢物和鹽分排出，而有利尿消腫的功效。西洋芹是高膳食纖維的食物，除了促進腸胃蠕動，也能減少脂質吸收和預防癌症。另外，西洋芹富含鐵質，能改善貧血，使氣色變佳。由於其鈣和磷含量高，能預防骨質疏鬆，也有鎮靜和保護血管的作用。

特別適合食用

- ✓ 瘦身
- ✓ 美顏
- ✓ 貧血
- ✓ 高血壓
- ✓ 預防癌症
- ✓ 預防骨質疏鬆
- ✓ 水腫
- ✓ 便祕者

食材

西洋芹 ………… 4 支
鹽小卷 ………… 80 克
鹽 ………… 少許（可省）
糖 ………… 少許
胡椒粉 ………… 少許
油 ………… 適量

步驟

1 西洋芹切成小片，鹽小卷預先泡水瀝乾，洗去過多的鹽分。

2 鍋中熱油，放入西洋芹和鹽小卷，拌炒至西洋芹微軟後，試味道再加少許鹽（可省）、糖和胡椒粉調味即可。

蝦米燒蘿蔔

特別適合食用

✓ 瘦身
✓ 美顏
✓ 預防癌症
✓ 保肝
✓ 糖尿病
✓ 高血壓

白蘿蔔屬於十字花科的蔬菜，含有非常多防癌物質，例如硫代葡萄糖苷、葡萄糖苷、葡聚醣等芥子油苷，以及蘿蔔硫素、芥藍素等異硫氰酸酯。新鮮蘿蔔所含的一些硫化物、酚和萜類化合物，能降低肝發炎指數 GOT 與 GPT，而減少肝臟發炎、避免脂肪肝持續惡化，有保肝的作用。另外，蘿蔔能促進葡萄糖代謝，並減少腸道對葡萄糖的吸收，而能穩定血糖。所含脂聯素能夠預防動脈硬化、幫助修復血管，而改善高血壓。

食材

白蘿蔔 ………… 1/2 條
蝦米 ………… 20 克
薑末 ………… 1 小匙
蒜末 ………… 1 小匙
油 ………… 適量

調味料

醬油 ………… 2 大匙
味醂 ………… 2 大匙
料理酒 ………… 2 大匙

步驟

1 蘿蔔切成扇形厚片，放入湯鍋，加適量水淹過，升溫至小滾，煮約 10 分鐘，到蘿蔔熟了但保有硬度。

2 炒鍋內熱油，爆香蝦米、薑末和蒜末。

3 加入蘿蔔片和調味料，煮至小滾約10分鐘入色入味即可。

小叮嚀　蘿蔔先煮熟後再醬燒，能幫助入色入味。

沖繩風
胡蘿蔔蛋

蔬食主角
胡蘿蔔

特別適合食用

- ✓ 瘦身
- ✓ 美顏
- ✓ 保健眼睛
- ✓ 降血糖
- ✓ 預防心血管疾病
- ✓ 預防癌症
- ✓ 便祕者

胡蘿蔔中的琥珀酸鉀鹽有助於降低血膽固醇和血壓，而葉酸也能防止心血管疾病發生。胡蘿蔔素在人體內可轉化為維生素A，能保護眼睛、減少眼睛乾燥和疲勞；胡蘿蔔素為抗氧化劑，可以美顏抗老。所含維生素C、纖維素、槲皮素與山標酚有降低血糖的功效，對糖尿病患有益。胡蘿蔔所富含的維生素A原，能轉化為維生素A，其與木質素能預防和對抗癌症。胡蘿蔔含有大量纖維素，可增加飽足感和促進腸胃蠕動，並減少脂質的吸收。

食材

胡蘿蔔 ············ 1 條
鮪魚罐頭 ·········· 1 個（90克）
雞蛋 ············ 3 個
醬油 ············ 少許
胡椒粉 ············ 少許

步驟

1 胡蘿蔔刨成絲，雞蛋在碗中打散。

2 打開鮪魚罐頭，將裡面的油倒入鍋內，再加入胡蘿蔔絲炒軟。

3 加入罐內所剩的鮪魚，並加醬油和胡椒粉調味。

4 加入蛋液，待稍微凝固後翻炒至全熟即可。

美式
楔形薯條

蔬食主角

馬鈴薯

馬鈴薯含有豐富的維生素 C 與鉀，在歐洲被稱為「大地的蘋果」。維生素 C 能提高免疫力，並保持血管彈性；而鉀能協助體內鹽分與廢物排出，而有降低血壓的效果。故若適當料理，馬鈴薯對心血管疾病很有幫助。馬鈴薯所含的纖維較細緻，而不易刺激腸胃，是良好的制酸劑。豐富的膳食纖維，也能潤腸通便。它也富含色胺酸，是人體必需胺基酸之一，是血清素、褪黑激素、犬尿氨酸、菸鹼酸合成時的重要前驅物質，而被認為有改善失眠、憂鬱症的潛力。

┌─── 特別適合食用 ───┐

- ✓ 美顏
- ✓ 提高免疫力
- ✓ 心血管疾病
- ✓ 改善失眠與憂鬱
- ✓ 腸胃不佳
- ✓ 便祕者

食材

| 小型馬鈴薯 ………… 8 個 |
| 橄欖油 ………… 適量 |
| 鹽 ………… 適量 |

步驟

1 將馬鈴薯外皮刷洗乾淨，切成楔形（wedges）。

2 烤盤鋪上鋁箔紙，再把薯條平鋪上去，撒上適量的鹽並刷上橄欖油，用 180 度 C 烤 30 ～ 40 分鐘，皮酥內軟即可出爐。

起司馬鈴薯煎餅

食材

馬鈴薯 ············· 750 克
起司絲 ············· 200 克
奶油 ············· 25 克
鹽 ············· 適量
油 ············· 適量

步驟

1 馬鈴薯切成細絲,是否削皮無妨。

2 在大碗中,將馬鈴薯絲、起司絲和鹽混勻。

3 熱鍋,加入油和奶油,等奶油融化後,將馬鈴薯絲在鍋中整型成餅狀,兩面皆煎至金黃即可。

七味唐辛子
馬鈴薯

1 馬鈴薯是否削皮無妨，切成小塊。辣椒切片，蔥切蔥花。

2 熱油，爆香辣椒。

3 加入馬鈴薯，拌炒到熟透。

4 加入鹽、七味唐辛子和蔥花，拌炒均勻即可。

食材

馬鈴薯 ………… 3 個
辣椒 ………… 3 條
蔥 ………… 2 支
七味唐辛子粉 ………… 適量
鹽 ………… 適量
油 ………… 適量

小叮嚀

若覺得炒熟馬鈴薯太久太累，可以先用水煮或蒸熟，再放入鍋中炒。

日式馬鈴薯燉雞

蔬食主角
馬鈴薯

食材

去骨雞腿肉	2 塊（400 克）
馬鈴薯	2 個
紅蘿蔔	1 條
油豆腐	300 克
洋蔥	1 個
奶油	25 克
醬油	2 大匙
米酒	2 大匙
味醂	2 大匙

步驟

1 雞腿肉、馬鈴薯、紅蘿蔔和油豆腐切小塊，洋蔥切小片。

2 在不沾鍋加熱融化奶油後，將洋蔥炒到邊緣呈金黃色，放入另一個湯鍋備用。

3 不洗鍋子，將雞腿肉皮先朝下，煎到出油後，將雞皮煎得表面金黃，內部沒熟無妨。

4 加入馬鈴薯拌炒至表面熟了即可。

5 洋蔥以外的食材也全放入湯鍋中，並補水剛好淹過食材。煮沸後維持小滾，燉 20 分鐘即完成。

英倫牧羊人派

食材 2 個派

豬絞肉（傳統用羊肉）·········· 350 克
馬鈴薯 ·········· 3 個
洋蔥 ·········· 1/2 個
大蒜 ·········· 2 瓣
切碎番茄罐頭 ·········· 400 克
油 ·········· 適量

紅醬調味料

紅酒 ·········· 60c.c.
黑胡椒 ·········· 1 小匙
義式香料粉 ·········· 1 小匙
鹽 ·········· 適量

薯泥調味料

牛奶 ·········· 30c.c.
奶油 ·········· 20 克
黑胡椒 ·········· 1/2 小匙
鹽 ·········· 適量

步驟

1 熱一點油，將絞肉、切碎的洋蔥和大蒜炒至全熟。

2 加入切碎番茄罐頭和紅醬調味料，煮滾後收汁到濃稠。

小叮嚀

牧羊人派傳統上使用羊肉，為了顧及方便及口味，本食譜使用豬肉。若使用牛絞肉，便稱為農舍派。

3 另將馬鈴薯去皮後，水煮熟或蒸熟，壓碎成泥，趁熱拌入薯泥調味料。

4 烤盤內先鋪上紅醬。

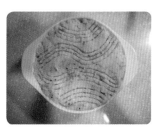

5 再鋪上馬鈴薯泥，壓實後劃上一些線條，放入烤箱 200 度 C 烤 30 分鐘出爐。

涼拌
胡麻山藥

蔬食主角
山藥

特別適合食用

- ✓ 強身健體
- ✓ 高血壓
- ✓ 預防心血管疾病
- ✓ 改善憂鬱
- ✓ 失眠
- ✓ 提高記憶力
- ✓ 預防糖尿病
- ✓ 預防癌症
- ✓ 促進消化
- ✓ 消水腫
- ✓ 便祕者

山藥含有皂苷，能促進人體製造賀爾蒙，而有滋補的效果；皂苷為多酚的一種，有助於預防癌症。富含鉀，能促進人體排除水分與廢物，而能消除水腫；促進排出鈉，而能降低血壓。山藥能促進大腦分泌脫氫表雄酮（DHEA），可強身健體、延緩衰老、改善憂鬱與失眠。山藥的粘液蛋白是多種多醣蛋白的混合物，對於心血管疾病有益。醣蛋白中含有消化酵素，能促進消化而滋補身體。膽鹼和卵磷脂能提高大腦的記憶力。副腎皮質荷爾蒙可促進胰島素正常分泌，預防糖尿病。

食材

山藥 ………… 500 克
熟白芝麻 ………… 適量
胡麻醬 ………… 適量

步驟

1 山藥去皮後，切成小段。

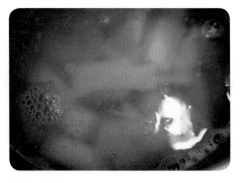

2 山藥放入滾水中燙 30 秒後，再放入冷水中冷卻，撈起瀝乾，淋上胡麻醬並撒上白芝麻即可。

菇類
Mushroom Vegetables

　　菇類是許多人喜愛的蔬食，各種炒菇菇、烤菇菇、菇菇湯、菇菇料理的食譜，都非常受歡迎。原因不外是菇類美味，在營養價值方面又高，是純素食者補充必需營養素的福音。此外，菇類含有多種藥效成分，在重視食療的中醫或講求數據的西醫方面都有好成績。

　　菇類所含之蛋白質與醣類多介於蔬菜水果與肉類之間，然而雖然其蛋白質含量不及肉類，卻沒有肉類普遍脂肪和膽固醇含量較高的缺點。菇類所具備的胺基酸種類齊全，幾乎所有的菇類都含有人體無法自行製造的八種「必需胺基酸」。這種特性除了替素食者補充了所需營養外，也是減重時避免營養不良的優秀食材。

　　由於菇類的生物組成成分包含了豐富的多醣類與纖維質，而會產生熱量的單醣較少，加上膳食纖維在腸道中能減少脂質的吸收，本身含有的脂肪量又低，所以是瘦身時的寶貴珍味，甚至被稱之為「素食牛排」。其所含的磷能加速脂肪和醣類代謝，更能減少變胖的機會。除了含脂量低，菇類所含的脂肪多是不飽和脂肪酸，對心血管的負擔也較輕。

　　「多醣體」是菇類中最具知名度的明星成分，主要是因其抗癌的能力。其實多醣體是多個單醣連接在一起的物質的總稱，而每種菇類所含有的多醣體都有些許的不同，因此也各有其特別的保健功效。例如，香菇富含的「香蕈多醣體」，能夠提升免疫力，並預防癌症發生。而猴頭菇含有其他菇類所沒有的「半

乳醣木醣葡聚醣」和「甘露醣木醣葡聚醣」，能夠改善消化道機能、促進新陳代謝與減輕疲勞，也有預防癌症的效果。

　　各種菇類在台灣的培育上時有突破，因此我們能在寶島上吃到各式各樣的菇菇。根據我的觀察，在我的生活圈內平常就能見到二十幾種的菇類。每種菇類的風味不同，可以想像成風韻各不相同的美女，需要受不同的人青睞，也需要不同的方式詮釋，正如同各種菇類適合不同的料理方式。

　　例如最常見的金針菇，堪比為菇中的交際花，搭配蔬菜、肉類、海鮮、豆製品等食材，都別有滋味。但是風味較強烈的舞菇，就像性格鮮明的美女，需要和恰到好處的食材互相輝映，才能碰撞出美麗的火花。

　　菇類料理前的處理簡單，幾乎都只有去除基部並剝成小朵。麻油、蜜汁、椒鹽、各種香料也都能嘗試調味，烹調時間短且烹調方式多元，是非常適合料理新手或快手的一類蔬食，千萬不要錯過。

椒鹽杏鮑菇

特別適合食用

- ✓ 瘦身
- ✓ 發育中
- ✓ 心血管疾病
- ✓ 預防癌症
- ✓ 脂肪肝
- ✓ 疲勞
- ✓ 便祕者

杏鮑菇含有十八種胺基酸，包括人體八種必需胺基酸，是營養價值極高的菇類。高鉀的杏鮑菇，能夠幫助調節血壓，並且預防動脈硬化，降低血膽固醇，而減低罹患心血管疾病的風險。杏鮑菇中含有豐富而具生物活性的多醣體，可以降低血脂、改善脂肪肝，並預防癌症。高纖維的杏鮑菇也能促進腸胃蠕動，預防便祕；加上高蛋白、低脂、低熱量的特性，相當適合減重時食用。富含 B 群也使得它能改善疲勞，應付壓力，提神健腦。

食材

杏鮑菇 ………… 400 克
味酥 ………… 1 大匙
黑胡椒粒 ………… 少許
胡椒粉 ………… 少許
鹽 ………… 適量
油 ………… 適量

步驟

1 杏鮑菇切成適口大小後，和油、味酥一同放入鍋中，蓋鍋蓋燜軟。

2 加入黑胡椒粒、胡椒粉和鹽調味，翻炒均勻即完成

甜椒炒秀珍菇

特別適合食用

- ✓ 瘦身
- ✓ 美顏
- ✓ 提高免疫力
- ✓ 高血壓
- ✓ 消水腫
- ✓ 貧血
- ✓ 心血管疾病
- ✓ 預防骨質疏鬆
- ✓ 預防癌症
- ✓ 便祕者

秀珍菇含有維生素 C，有助於提高免疫力對抗疾病。含有維生素 B_1，能促進腸胃蠕動；而維生素 B_2，可強化脂質代謝。含有菸鹼酸，能保持皮膚健康、維持血液循環。含鉀，能促進體內廢物和鹽分的排除，有助血壓的穩定。含有鐵，有助於預防貧血。含有鋅，能降低血膽固醇，預防動脈硬化。含有鈣，能維持骨骼和牙齒的健康，而鎂亦能協助鈣質吸收。含有多醣體，能預防癌症發生。

食材

秀珍菇	150 克
甜椒	2 個
大蒜	2 瓣
醬油	2 大匙
麻油	1 大匙
油	適量

步驟

1 甜椒去籽切成小片，大蒜切末，秀珍菇剝成小朵。

2 熱油，爆香蒜末。

3 加入秀珍菇、醬油和麻油,翻炒至秀
珍菇軟化。

4 加入甜椒炒熟即完成。

舞菇
炒鮭魚

特別適合食用

- ✓ 瘦身
- ✓ 美顏
- ✓ 膚質不佳
- ✓ 高血壓
- ✓ 消水腫
- ✓ 便祕者

舞菇富含膳食纖維，除了有助排便，還能讓腸內環境變好，良好的排毒使肌膚平滑美麗。維生素 B 群是脂肪、醣類和蛋白質代謝時必要的營養，順利的新陳代謝可以幫助皮膚修復，也能防止皮膚炎。舞菇使腸內菌活躍，分解多餘攝取的脂肪和醣類，幾丁質有利於消除內臟脂肪而瘦小腹。舞菇也含有豐富的鉀，可以協助排除多餘的鹽分和廢物，達到平衡血壓和消除水腫的功效。

食材

舞菇 .... 100 克
鮭魚 .... 200 克
香菇素蠔油 .... 1 大匙
味醂 .... 1 大匙
黑胡椒粒 .... 少許
油 .... 適量

步驟

1 鮭魚去除魚刺後切成小塊，舞菇切掉基部後剝成小朵。

2 熱油，加入舞菇、香菇素蠔油和味醂，
拌炒至舞菇軟化。

3 加入鮭魚塊和黑胡椒粒，拌炒至鮭魚
熟透即完成。

奶油黑胡椒柳松菇

特別適合食用

- ✓ 瘦身
- ✓ 美顏
- ✓ 發育中
- ✓ 預防骨質疏鬆
- ✓ 降低血膽固醇
- ✓ 強化肝功能
- ✓ 預防癌症
- ✓ 便祕者

柳松菇為一種低脂肪、多纖維且高蛋白質的菇類，且能提供人體不能自行製造的八種必需胺基酸，包括一般主食穀類多缺乏的離胺酸，可幫助鈣質吸收，促進膠原蛋白形成，可以降低血膽固醇含量，並強化肝臟功能。柳松菇的子實體凝集素可造成癌細胞衰亡，因此有抗癌的潛力。大量的纖維質可以刺激腸胃蠕動，有效改善便祕。

食材

柳松菇 ………… 200 克
奶油 ………… 25 克
鹽 ………… 適量
黑胡椒粒 ………… 適量

步驟

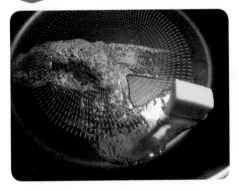

1 奶油放入鍋中加熱融化，柳松菇切除基部。

2 加入柳松菇、黑胡椒粒和鹽，炒熟柳松菇即可。

香煎
松本茸

蔬食主角
松本茸

特別適合食用

- ✓ 瘦身
- ✓ 美顏
- ✓ 發育中
- ✓ 預防骨質疏鬆
- ✓ 加強新陳代謝
- ✓ 消水腫
- ✓ 提高免疫力
- ✓ 高血壓
- ✓ 孕婦

松本茸含有多種胺基酸，熱量低且營養價值高。其含有維生素 D，能協助人體吸收鈣，而強化骨質和牙齒。其含有多種維生素 B 群，可以保護神經、維持新陳代謝、平衡內分泌系統和提高免疫力。其為高鉀食材，可以幫助人體中的廢物和鹽分排出，而維持血壓和消除水腫。它也含有葉酸，是胎兒發育的必需營養素，因此適合孕婦食用。

食材

松本茸 ………… 9 朵
義式香料 ………… 適量
油 ………… 適量

步驟

1 松本茸縱切成厚片。

2 鍋中放油，將松本茸兩面煎熟後，灑上義式香料即可。

糖醋
珊瑚菇

珊瑚菇富含葉酸，孕婦若缺乏葉酸會影響胎兒神經系統的發育。珊瑚菇的普林含量是菇類中最低的，比白米更低，所以痛風患者也可以食用。磷、鉀、鈉含量相當低，皆優於腎臟病患的攝取標準。這使得痛風與腎臟病患，皆能從此菇類攝取優質蛋白質和多種人體必需胺基酸，以及膳食纖維，而能強身健體，修補肌肉，並促進腸胃蠕動、減少脂質吸收。

特別適合食用

- ✓ 瘦身
- ✓ 美顏
- ✓ 痛風
- ✓ 腎臟病患
- ✓ 運動健身
- ✓ 孕婦
- ✓ 便祕者

食材

珊瑚菇 ………… 1 包
蔥 ………… 1 支
薑 ………… 1 小段 1 公分
番茄醬 ………… 2 大匙
米醋 ………… 1 大匙
糖 ………… 1 大匙
油 ………… 適量

步驟

1 珊瑚菇剝成小束，薑切末，蔥切小段後分成蔥白和蔥綠。

2 熱油爆香蔥白和薑末。

3 加入珊瑚菇、番茄醬、米醋和糖，拌 炒到珊瑚菇軟化。

4 加入蔥綠，翻炒幾下即完成。

雪白菇炒
德式香腸

蔬食主角
雪白菇

特別適合食用

- ✓ 瘦身
- ✓ 控制血糖
- ✓ 疲勞
- ✓ 加速新陳代謝
- ✓ 便祕者

雪白菇含有的 β-葡聚糖能防止餐後血糖劇烈變化，有助於糖尿病患。富含的膳食纖維，能夠促進小腸分泌瘦身賀爾蒙 GLP_1，可幫助減重，也可以藉刺激肝臟分泌新的膽汁酸，而提高新陳代謝，幫助燃燒脂肪。膳食纖維也有助促進腸胃蠕動，改善便祕。所含有的鳥胺酸可以加速肝臟代謝，並消除疲勞。

食材

雪白菇	1 包
德式香腸	160 克
荷蘭豆	130 克
鹽	適量
糖	少許
胡椒粉	少許
油	適量

步驟

1 雪白菇切掉基部，剝成小束。德式香腸刻花後，切成小段。荷蘭豆剝除豆筋。

2 熱油，將德式香腸炒到花紋裂開。

3 加入雪白菇、鹽、糖和胡椒粉,將菇
炒軟。

4 加入荷蘭豆,翻炒至熟即完成。

鴻喜菇
味噌雞柳

蔬食主角
鴻喜菇

鴻喜菇以其護肝效果聞名，因其中有鳥胺酸，能從消化道進入血液，在循環系統內去除過多的氨，同時幫忙分擔肝臟的工作，進肝臟內部合成蛋白質。鴻喜菇也含有維生素 D，幫助鈣質吸收，保護骨骼和牙齒。多醣蛋白能提升免疫力，膳食纖維能促進腸胃蠕動，並減少脂肪吸收。礦物質較特別的是硒，有抗氧化、延緩老化的功效；鋅能幫助傷口癒合、提升免疫力和防癌。

┌─── 特別適合食用 ───┐
- ✓ 瘦身
- ✓ 護肝
- ✓ 提高免疫力
- ✓ 預防癌症
- ✓ 預防骨質疏鬆
- ✓ 延緩老化
- ✓ 便祕者

食材
鴻喜菇 ………… 1 包
雞里肌肉 ………… 250 克
薑 ………… 1 小段 1 公分
油 ………… 適量

醃料
醬油 ………… 1 大匙
米酒 ………… 1 大匙
太白粉 ………… 1 小匙

味噌醬
味噌 ………… 1 大匙
醬油 ………… 1 大匙
味醂 ………… 2 大匙

步驟

1 鴻喜菇切除基部，剝成小束。雞里肌肉切成雞柳，用醃料抓醃。薑切末。

2 熱油，爆香薑末。

3 加入雞柳，炒至全熟。

4 在碗內先調勻味噌醬，加入鍋內，並加入鴻喜菇，翻炒至菇熟即可。

麻油
猴頭菇

特別適合食用

- ✓ 瘦身
- ✓ 提升免疫力
- ✓ 腸胃潰瘍
- ✓ 預防癌症
- ✓ 預防阿茲海默症
- ✓ 延緩衰老

猴頭菇含有十六種胺基酸，其中七種是人體必需胺基酸，其高蛋白、低脂、富含礦物質與維生素的特性，是減重的優良食材。猴頭菇含不飽和脂肪酸，能降低血膽固醇，提升免疫力，延緩衰老，能抑制癌細胞的合成而能預防癌症。猴頭菇以預防和治療消化道疾病而聞名，因其能抑制胃蛋白酶活性，而能促進胃潰瘍、十二指腸潰瘍和胃炎癒合。猴頭菇所含 D- 葡聚糖和神經細胞促生因子（NGF），可促進神經細胞的生長與再生，而有預防阿茲海默症的效果。

食材

乾猴頭菇 ………… 75 克
薑 ………… 1 小段 3 公分
枸杞 ………… 適量
麻油 ………… 3 大匙
米酒 ………… 2 大匙
醬油 ………… 2 大匙
油 ………… 少許

步驟

1 乾猴頭菇泡水 3 小時後，撕成小塊，再用滾水汆燙 30 分鐘後瀝乾。薑切片。

2 鍋中加入少許油，煸香薑片。

3 加入猴頭菇、枸杞、麻油、米酒和醬油,小火炒到猴頭菇吸收調味料即可。

小叮嚀

❶ 經處理後的猴頭菇若帶有苦味,可能是劣質或變質的產品。除了汆燙外,也可試著用鹼水、食醋或鹽水浸泡來去除苦味。

❷ 麻油遇高溫易產生苦味,因此小火烹調較佳。

照燒香菇鑲肉

蔬食主角
香菇

特別適合食用

- ✓ 瘦身
- ✓ 美顏
- ✓ 發育中
- ✓ 預防骨質疏鬆
- ✓ 預防癌症
- ✓ 提高免疫力
- ✓ 預防心血管疾病

香菇中的麥角甾醇，經過日曬可轉為維生素 D，而能幫助鈣質吸收，幫助骨骼發育與預防骨質疏鬆，並可保護皮膚與黏膜。香菇中的多醣能提高免疫力，而雙鏈結構的核糖核酸進入人體後可轉為干擾素，具有抗癌功效。香菇中的嘌呤、膽鹼、酪氨酸以及某些核酸物質，能夠降血壓、降血膽固醇和降血脂，並預防動脈硬化和肝硬化等疾病。香菇含有多種胺基酸、維生素且低脂肪，是適合減重的食物。

食材

香菇	10 朵
豬絞肉	120 克
薑	1 小段 1 公分
油	適量

醃料

醬油	1 大匙
米酒	1 大匙
麻油	1 小匙
太白粉	2 小匙

照燒醬

醬油	2 大匙
米酒	2 大匙
味醂	2 大匙
糖	1 小匙
水	100c.c.

步驟

1 豬絞肉和醃料混勻，至有黏性產生。

2 將香菇蒂切掉後，用絞肉填充。

3 熱油，先將肉那面朝下煎至上色，再全部翻面。

4 加入薑片和照燒醬，蓋上鍋蓋，煮至收汁濃稠即可。

豆類與豆製品

Beans and Soy Products

　　新鮮的豆類，常見的有四季豆、荷蘭豆、甜豆等等，一般我們會將此類豆類視為蔬菜，是屬於低熱量且高纖維的食材。而種子型態的豆類可大概分為兩大類：高澱粉豆類與高蛋白質豆類。前者包含紅豆、綠豆、花豆、皇帝豆等，後者包括黃豆、黑豆、毛豆等等，而黃豆製品也屬於高蛋白質這類食材。

　　高蛋白質的豆類與黃豆製品在營養的觀點上較受重視，因其含有充足的人體必需胺基酸，無論是否為素食者，它們都是補充蛋白質的良好來源。尤其中華料理創造出各式各樣的黃豆製品，外觀不一，味道也有所差異，廣受大眾喜愛。而且其物美價廉，容易烹調，是從美味或健康方面來看都「品學兼優」的蔬食。

　　在台灣常見的黃豆製品有豆腐、豆乾、油豆腐、豆乾絲、素雞、雞蛋豆腐、芙蓉豆腐等，不勝枚舉。最普遍的豆腐，相傳是漢武帝的弟弟劉安所發明，他在燒藥煉丹時，偶然以滷水點豆汁，從而發明了豆腐，在當時取名為黎祁。另外也能在各式料理中見到的豆乾，是先將豆漿添加鹽滷製成豆花，再以模具加壓瀝除多餘水分所製成。由於豆乾的水分含量較低，所以營養的密度在豆製品中便較高。

　　除了富含蛋白質外，黃豆製品也含有豐富的礦物質，如鉀、鈣、鐵、鋅都有可觀的含量。它含有的植化素大豆異黃酮也為人所知。然而，這種食材也並非盡善盡美，主要是因為缺乏維生素，黃豆沒有維生素 C 和維生素 B_{12}，且維

生素 B_1、維生素 B_2、菸鹼酸和葉酸都很少，唯一的例外是含有較多的維生素 B_6。因此，素食者必須注意從其他食物來補充維生素，尤其是孕婦要特別留意葉酸的攝取。

大豆異黃酮（Soy isoflavones）是黃豆中所含的一種類黃酮，以黃豆苷元（Daidzein）及金雀異黃酮（Genistein）兩種物質最常見。大豆異黃酮因為與人體的雌激素構造相似，所以也常被稱作植物雌激素。大豆異黃酮能減少動脈硬化，而降低心血管疾病發生的機率。另外，它也有預防癌症的能力，尤其是對於乳癌和前列腺癌。

我們常聽說更年期婦女最好多攝取豆製品，正是因為大豆異黃酮的緣故。它能改善更年期常見的熱潮紅，且有益血糖的調控，而降低第二型糖尿病發生的機率。黃豆製品有如此多的優點和種類，作為補充蔬食的最好選擇之一當之無愧。

豆豉香辣四季豆

特別適合食用

- ✓ 瘦身
- ✓ 美顏
- ✓ 發育中
- ✓ 貧血
- ✓ 疲倦
- ✓ 預防動脈硬化
- ✓ 便祕者

四季豆中大量的膳食纖維可以促進腸胃蠕動，改善便祕。四季豆中的皂素，能降低血膽固醇，增加脂肪的代謝，達到預防動脈硬化和促進血液循環的效果。它含有的離胺酸為人體必需胺基酸，小麥與米中較為缺乏，離胺酸是產生抗體、激素和酵素的修復與成長成分，合成蛋白質亦不可或缺。若離胺酸不足，易造成貧血、肝機能變差。四季豆也富含鐵，與離胺酸相乘，可改善貧血和倦怠。含有的菜豆素，能減少葡萄糖吸收，預防脂肪堆積。

食材

四季豆 ………… 300 克
黑豆豉 ………… 3 大匙
大蒜 ………… 2 瓣
豆瓣醬 ………… 2 大匙
醬油 ………… 1 大匙
油 ………… 適量

步驟

1 四季豆切小段，大蒜切末。

2 熱油，爆香蒜末與黑豆豉。

3 加入四季豆和少許水，蓋鍋蓋將四季
豆燜熟。

4 加入豆瓣醬、醬油，拌炒均勻即可。

甜豆
炒鵪鶉蛋

蔬食主角

甜豆

特別適合食用

- ✓ 瘦身
- ✓ 發育中
- ✓ 保健眼睛
- ✓ 預防骨質疏鬆
- ✓ 高血壓
- ✓ 消水腫

甜豆含有十七種胺基酸，營養豐富。富含維生素 A、B$_1$、B$_2$、鉀、鈣等等，還有較大豆蛋白更容易消化的蛋白質，熱量相較其他豆類又較低，是瘦身美容的好食材。維生素 A 有益眼睛健康、保護皮膚與黏膜，和鈣一起補充對人體有預防骨質疏鬆的效果。含鉀可以促進廢物和鹽分的排出，而能消除水腫，改善高血壓。

食材

甜豆	150 克
熟鵪鶉蛋	200 克
玉米筍	8 條
大蒜	2 瓣
烤肉醬	3 大匙
油	適量

步驟

1 甜豆挑掉豆筋，玉米筍切斜片，大蒜切末。

2 熱油，爆香蒜末。

3 加入鵪鶉蛋、玉米筍和烤肉醬，翻炒
　 到玉米筍軟硬度適當。

4 加入甜豆，翻炒至全熟即可。

豌豆苗
炒豆包

特別適合食用

- ✓ 瘦身
- ✓ 美顏
- ✓ 提高免疫力
- ✓ 預防癌症
- ✓ 保健眼睛
- ✓ 高血壓
- ✓ 消除水腫
- ✓ 便祕者

豌豆苗是補充維生素 C 不錯的選擇，維生素 C 可提高人體免疫力，也有修復皮膚而能養顏美容的效果。豌豆苗有大量的膳食纖維，能夠促進腸胃蠕動，並減少脂質吸收。豌豆苗含有胡蘿蔔素，食用後有抗氧化的功效，而能預防癌症；在體內轉化為維生素 A 後，能保護眼睛，維持皮膚和黏膜健康。另外它屬於高鉀蔬菜，可以幫助體內廢物和鹽分排出，而有降血壓、消水腫的效果。

食材	
豌豆苗	150 克
生豆包	8 片
油	適量

調味料	
沙茶醬	1 大匙
麻油	1 大匙
米酒	1 大匙
鹽	適量

步驟

1 豌豆苗切小段，生豆包切粗絲。

2 熱油，將豆包絲炒至微微金黃色。

3 加入豌豆苗和調味料，翻炒至全熟即可。

櫻花蝦
炒黃豆芽

特別適合食用

- ✓ 瘦身
- ✓ 美顏
- ✓ 心血管疾病
- ✓ 預防口角炎和皮膚炎
- ✓ 孕婦
- ✓ 健腦
- ✓ 疲倦
- ✓ 便祕者

黃豆芽含有維生素 B_2，人體將醣類、蛋白質和脂質轉化為熱量時都需要它，它有分解排出體內過氧化物質的功能，可以預防肥胖和心血管疾病。維生素 B_2 會用脂質製造細胞，因此代謝旺盛的皮膚、黏膜、眼睛都需要它保護，它也是胎兒發育重要的營養素。維生素 B 群能促進消化液分泌，有利於排便和緩解妊娠性高血壓。黃豆芽也富含維生素 C，具有提高免疫力和美容養顏的效果。黃豆芽含有磷可製造軟磷脂和腦磷脂，可以健腦、防止腦血栓和抗疲勞。

食材

黃豆芽	180 克
櫻花蝦	15 克
薑	1 小段 1 公分
鹽	適量
糖	少許
油	適量

步驟

1 薑切末，熱油爆香。

2 加入櫻花蝦炒香。

3 加入黃豆芽和少許水，蓋鍋蓋燜熟，
並加鹽、糖調味即可。

毛豆
玉米雞丁

特別適合食用

- ✓ 瘦身
- ✓ 發育中
- ✓ 高血壓
- ✓ 高膽固醇
- ✓ 預防骨質疏鬆
- ✓ 預防阿茲海默症
- ✓ 更年期婦女
- ✓ 便祕者

毛豆含有豐富的植物蛋白質，且品質優，可以媲美肉和蛋中的蛋白質，易於被人體吸收利用。毛豆含有多種不飽和脂肪酸，例如人體必需的亞油酸和亞麻酸，其可以改善脂肪代謝，降低血膽固醇。毛豆中的卵磷脂是大腦發育的必要物質，有助於改善記憶力和智力。它也富含膳食纖維，不但能改善便祕，還能降低血壓和血膽固醇。毛豆中含有的大豆異黃酮，被稱為植物中的雌激素，可以預防骨質疏鬆，改善婦女更年期的不適。

食材	
雞里肌肉	250 克
毛豆仁	130 克
玉米粒	150 克
薑	1 小段 1 公分
鹽	適量
油	適量

醃料	
醬油	2 大匙
米酒	2 大匙
太白粉	1 小匙

步驟

1 雞里肌肉切成雞丁，用醃料抓醃。薑切末。

2 熱油，爆香薑末。

3 加入雞丁炒至全熟。

4 加入毛豆仁和玉米粒炒
熟，並加鹽調味即可。

鍋塌豆腐

特別適合食用

- ✓ 瘦身
- ✓ 發育中
- ✓ 更年期婦女
- ✓ 預防癌症
- ✓ 心血管疾病
- ✓ 預防骨質疏鬆
- ✓ 預防阿茲海默症
- ✓ 第二型糖尿病

食材

板豆腐	300 克
雞蛋	1 個
胡蘿蔔	1/4 條
乾香菇	3 朵
太白粉	適量
油	適量

調味料

米酒	1 大匙
鹽	1 小匙
胡椒粉	少許
香菇水	100c.c.

步驟

1 雞蛋打散，豆腐切成厚 1 公分的片狀。乾香菇用水泡開，香菇水留用。胡蘿蔔和香菇切絲。

2 豆腐先沾上一層太白粉，再裹上一層蛋液。

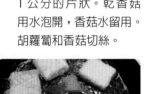

3 熱油，將豆腐兩面煎至金黃後，盛起備用。

4 鍋子不再放油，炒熟胡蘿蔔絲和香菇絲。

5 加入調味料煮滾後，將豆腐放入 3～5 分鐘收乾醬汁即完成。

豆腐含有的大豆蛋白能增加飽食感，有利於減重，特別針對更年期、多囊性卵巢症候群、高血糖造成的肥胖。豆腐能提供人體充足的必需胺基酸，營養價值極高。它含有的大豆異黃酮，是一種植物性雌激素，可以預防動脈硬化等心血管疾病、有抗癌潛力、預防骨質疏鬆、減少罹患阿茲海默症的風險。第二型糖尿病患常會由尿排出過多的蛋白質，而用大豆蛋白替代動物性蛋白質的攝取後可以改善。

黑胡椒鐵板豆腐

食材

板豆腐 ………… 350 克
洋蔥 ………… 1/2 個
蒜 ………… 2 瓣
奶油 ………… 20 克
烤肉醬 ………… 2 大匙
醬油 ………… 2 大匙
黑胡椒粒 ………… 1 小匙
油 ………… 適量

步驟

1 豆腐切片，蒜切片，洋蔥順紋切絲。

2 熱少許油，將豆腐煎得兩面金黃後，盛起備用。

3 鍋中再放入奶油，融化後炒香洋蔥絲和蒜片。

4 加回豆腐，並加入烤肉醬、醬油和黑胡椒，小火收汁令豆腐吸收醬汁即完成。

金針菇
雞蛋豆腐

特別適合食用

- ✓ 瘦身
- ✓ 更年期婦女
- ✓ 心血管疾病
- ✓ 保健眼睛
- ✓ 預防骨質疏鬆
- ✓ 預防癌症
- ✓ 降低阿茲海默症風險

雞蛋豆腐是將雞蛋以一定比例加入豆漿所製成的豆腐，所以維生素 A 含量比一般豆腐高。維生素 A 可以保護眼睛，幫助牙齒和骨骼的發育與生長，增進黏膜和皮膚的健康。豆腐含有天然植物雌激素大豆異黃酮，除了可以緩解婦女更年期的不適外，還能藉由增加飽足感等原因減重，特別是肇因於更年期、多囊性卵巢症候群和糖尿病的增重。此外，大豆異黃酮還能減少心血管疾病風險、預防骨質疏鬆、預防癌症、降低阿茲海默症風險。

食材

雞蛋豆腐 ………… 1 盒（300 克）
金針菇 ………… 200 克
醬油 ………… 1 大匙
味醂 ………… 1 大匙
番茄醬 ………… 1 大匙
油 ………… 適量

步驟

1 雞蛋豆腐切成小片，金針菇切除基部剝成小束。

2 熱油，將雞蛋豆腐煎得兩面金黃。

3 加入金針菇、醬油、味醂和番茄醬，
拌炒金針菇，炒熟收汁即可。

海帶結
油豆腐

特別適合食用

- ✓ 發育中
- ✓ 心血管疾病
- ✓ 更年期婦女
- ✓ 預防癌症
- ✓ 預防骨質疏鬆
- ✓ 預防阿茲海默症
- ✓ 第二型糖尿病患

油豆腐是經過油炸的豆腐類，熱量比一般豆腐高，若要控制熱量攝取，建議選擇湯類的油豆腐料理。豆腐可提供充足完整的必需胺基酸，營養價值極高。原料黃豆富含大豆異黃酮，是天然的植物雌激素，能減輕婦女更年期的不適。大豆異黃酮亦含有降低心血管疾病風險、抑制癌症風險、減少骨質流失、預防阿茲海默症等功效。此外，罹患第二型糖尿病的患者，常會排出過量的蛋白質，而攝取大豆蛋白會比動物性蛋白有顯著改善。

食材

油豆腐	220 克
海帶結	120 克
薑	1 小段 1 公分
醬油	2 大匙
香菇素蠔油	1 大匙
豆瓣醬	1 小匙
油	適量

步驟

1 油豆腐切成小三角形，海帶結洗淨，薑切末。

2 熱油，爆香薑末。

3 加入海帶結、油豆腐、醬油、香菇素蠔
油和豆瓣醬翻炒均勻，至油豆腐吸收醬
汁即可。

雙菇炒五香豆乾

蔬食主角

豆乾

豆乾是豆腐經過加壓、烘烤與上色所製成，因為水分含量較低，所以營養密度會比豆腐高。原料黃豆是很好的植物性蛋白質來源，且礦物質鉀、鈣、鐵和鋅含量都很充沛。其營養功效類似豆腐，含有的大豆異黃酮，是一種植物性雌激素，可以預防動脈硬化等心血管疾病、有抗癌潛力、預防骨質疏鬆、減少罹患阿茲海默症的風險。含鉀可預防高血壓，含鐵可避免貧血，含鈣可強健骨骼，而鋅能幫助蛋白質的製造而有益成長。

特別適合食用

- ✓ 瘦身
- ✓ 發育中
- ✓ 貧血
- ✓ 更年期婦女
- ✓ 預防骨質疏鬆
- ✓ 心血管疾病
- ✓ 預防阿茲海默症

食材

五香豆乾	8 片
鴻喜菇	1/2 包
雪白菇	1/2 包
蒜	2 瓣
鹽	適量
麻油	1 小匙
五香粉	1 小匙
油	適量

步驟

1 豆乾切片，菇類切掉基部後剝成小束，蒜切末。

2 熱油，爆香蒜末。

小叮嚀　我使用的豆乾已經滷過，所以只需要淡淡的調味，如果是沒
滷過的豆乾，建議加點醬油或素蠔油，味道會比較有層次。

3 加入菇類翻炒至軟化。

4 加入豆乾、鹽、麻油和五香粉，翻炒均
　勻即可。

 豆類與豆製品　131

花菜類

Flower Vegetables

　　花菜類指的是可食用部位為花、花蕾或花苔的蔬菜，整朵花例如金針花、可食用玫瑰，花蕾例如青花菜、各色花椰菜，花苔例如蒜苔。

　　青花菜與花椰菜是大家最熟悉的花菜類蔬菜，兩者都屬於以抗癌聞名的十字花科。它們所含有的硫配醣體，在人體內經酵素分解後，會產生吲哚、蘿蔔硫素等衍生物，可降低致癌活性，抑制腫瘤形成。兩者也富含維生素 C，能提升免疫力，協助人體抵禦疾病。

　　坊間的減醣便當常使用白花椰菜，將其料理為類似白米的形狀，以取代含醣較多的傳統米飯主食。白花椰菜屬於非澱粉蔬菜，充滿纖維素能夠給予飽足感，以較低的熱量即可獲得許多營養素，對於減重十分有幫助。

　　青花菜屬於深綠色蔬菜，富含 β- 胡蘿蔔素和維生素 A。β- 胡蘿蔔素有強效的抗氧化力，能夠清除體內自由基，而有預防癌症以及延緩老化的效果。青花菜本就含有豐富的維生素 A，再加上 β- 胡蘿蔔素是維生素 A 原，攝取後能在小腸轉化為維生素 A。而維生素 A 又以其護眼的效果著稱，其能預防夜盲症、乾眼症和黃斑部病變，也可以改善現代人用眼過度的眼睛疲勞。

　　台灣最常見的食用花為金針花，新鮮金針花的產季依品種和種植處的海拔高低而有所不同，而金針花乾貨一年四季都可食用，十分便利。料理鮮金針花時必須注意要徹底加熱，因為其花中含有名為秋水仙鹼的生物鹼。秋水仙鹼本

來無毒，但經過人體消化道吸收後，會轉變成有毒的氧化二秋水仙鹼。這種毒素可能導致腸胃不適、腹痛、腹瀉和嘔吐等症狀，甚至會暈眩。幸運的是鮮金針花經過加熱烹調，就能去除秋水仙鹼，而金針花乾貨在加工過程中，秋水仙鹼便已消失，所以不必擔心。

料理青花菜和花椰菜時，常會由於其較大而堅硬的組織而不易熟透，或是熟不均勻。建議處理這種食材時，花朵要盡量切成相同大小的體積，才不會加熱不均。另外可使用有鍋蓋的深鍋來料理，小朵的花椰菜放入鍋中後加一些水，然後蓋上鍋蓋使其成為密閉的空間，加熱時會產生水蒸氣，將所有的花椰菜包圍，如此便能均勻受熱，煮出軟嫩適中的花椰菜了。

咖哩花椰菜

特別適合食用

- ✓ 瘦身
- ✓ 提高免疫力
- ✓ 預防癌症
- ✓ 心血管疾病
- ✓ 便祕者

白花椰菜屬於十字花科，所含有的吲哚 -3- 甲醇能抑制癌細胞生長；檞皮酮和穀胱甘肽會讓多種致癌物失去活性，而達到防癌的效果。白花椰菜含有大量的維生素 C 和硒，能提升免疫力。另外，白花椰菜屬於含有蘿蔔硫素的白色蔬菜，其含有降低血膽固醇、降血糖和降血脂的功效。白花椰菜屬於非澱粉蔬菜，充滿纖維素能給予飽足感，以較低的熱量獲得許多營養素，對於減重十分有幫助。

食材

白花椰菜 ………… 1 株
胡蘿蔔 ………… 1/4 條
甜豆 ………… 65 克
薑 ………… 1 小段 1 公分
咖哩粉 ………… 4 大匙
鹽 ………… 少許
糖 ………… 少許
油 ………… 適量

步驟

1 花椰菜切成小朵，胡蘿蔔切片，甜豆摘除豆筋，薑切末。

2 熱油，爆香薑末。

3 加入花椰菜和胡蘿蔔，
並加少量水，蓋鍋蓋將
菜燜熟。

4 加入咖哩粉、鹽、糖和
少許水，翻炒均勻。

5 加入甜豆，翻炒至轉鮮
綠色即可。

XO 醬
青花筍

特別適合食用

- ✓ 瘦身
- ✓ 美顏
- ✓ 提高免疫力
- ✓ 保健眼睛
- ✓ 預防癌症
- ✓ 預防骨質疏鬆
- ✓ 便祕者

青花筍含有硫配醣體與類黃酮等抗氧化物質，能預防癌症。青花筍也富含維生素 C，能夠提升人體免疫力，並協助膠原蛋白增生而有美容效果。含有維生素 A，能夠保護眼睛，維持皮膚與黏膜的健康。富含膳食纖維而熱量低，是減重的良伴，也能促進腸胃蠕動。所含的鋅能夠改善疲勞，所含鈣能預防骨質疏鬆。

食材

青花筍 ………… 350 克
胡蘿蔔 ………… 1/4 條
XO 醬 ………… 3 大匙
鹽 ………… 適量
油 ………… 適量

步驟

1 青花筍切除基部，胡蘿蔔切成半圓形薄片。

2 熱油，爆香 XO 醬。

3 加入胡蘿蔔炒至微軟。

4 加入青花筍、鹽和少許水,蓋鍋蓋將青花筍燜熟後,翻炒均勻即可。

金沙
油菜花

特別適合食用

- ✓ 瘦身
- ✓ 美顏
- ✓ 增強抵抗力
- ✓ 高血壓
- ✓ 水腫
- ✓ 貧血
- ✓ 預防骨質疏鬆
- ✓ 保健眼睛
- ✓ 發育中
- ✓ 便祕者

油菜花含有維生素 C，能夠增強抵抗力，還有美白、助長膠原蛋白的效果。它還含有維生素 B 群，能夠消除疲勞，改善肌膚問題。豐富的膳食纖維，能促進腸胃蠕動，減少脂質吸收。含有鉀，能夠加速體內鹽分和廢物排出，而能消水腫和排毒。含有鐵質，能夠預防貧血。還有鈣質，能預防骨質疏鬆。β- 胡蘿蔔素有抗氧化力，可在人體內轉化成維生素 A，而有保護眼睛、強健骨骼和促進成長的功效。

食材

油菜花 ………… 230 克
熟鹹蛋 ………… 1 個
薑 ………… 1 小段 1 公分
米酒 ………… 1 小匙
糖 ………… 1 小匙
胡椒粉 ………… 少許
鹽 ………… 適量
油 ………… 適量

步驟

1 油菜花切小段，鹹蛋分開蛋黃與蛋白各別切碎，薑切末。

2 熱油，爆香薑末。

3 加入鹹蛋黃碎,炒到起泡。

4 加入油菜花翻炒,裹上一層鹹蛋黃。

5 加入鹹蛋白碎、米酒、糖、鹽和胡椒粉,翻炒到菜熟透即可。

哨子
青花菜

特別適合食用

✓ 瘦身
✓ 美顏
✓ 增強免疫力
✓ 預防癌症
✓ 保健眼睛
✓ 心血管疾病
✓ 便祕者

青花菜屬於以抗癌著稱的十字花科，它所含有的硫配醣體在體內經酵素分解後，會產生吲哚、蘿蔔硫素等衍生物，可降低致癌活性，抑制腫瘤形成。青花菜富有膳食纖維，能幫助腸胃蠕動，並降低脂質的吸收。維生素 C 含量極高，可以增強免疫力，協助膠原蛋白形成而有美容效果。青花菜屬於深綠色蔬菜，富含 β- 胡蘿蔔素和維生素 A，能抗氧化與護眼。高鉀使它能調節血壓與去除水腫。青花菜也有益於心血管疾病，例如蘿蔔硫素能防止高血糖對血管造成傷害。

食材

青花菜 ………… 1 株
豬絞肉 ………… 100 克
大蒜 …………… 2 瓣
油蔥酥 ………… 1 大匙
醬油 …………… 1 大匙
香菇素蠔油 …… 1 大匙
糖 ……………… 1 小匙
胡椒粉 ………… 少許

步驟

1 青花菜切成小朵，大蒜切末。

2 乾鍋不放油，將絞肉炒熟，逼出油脂。

3 用逼出的油脂，爆香蒜
末和油蔥酥。

4 加入醬油、香菇素蠔油、
糖和胡椒粉炒勻。

5 加入青花菜和少許水，
蓋鍋蓋燜熟後，炒均勻
即完成。

金針花炒肉

特別適合食用

- ✓ 瘦身
- ✓ 美顏
- ✓ 貧血
- ✓ 疲勞
- ✓ 哺乳中
- ✓ 預防阿茲海默症
- ✓ 脂漏性皮膚炎
- ✓ 便祕者

金針花富含鐵，可以預防貧血。其含有的卵磷脂、鈣、磷、維生素 E 等，可以改善注意力不集中、記憶力減退、精神疲勞，有預防阿茲海默症的潛力。金針花含有的蛋白質、維生素 B_1 和 B_2，能增加哺乳時的乳汁分泌。鈣、鐵、鋅能夠使肌膚保有彈性，減緩脂漏性皮膚炎的症狀，常常食用能淡斑，具有美容功效。金針花含有的膳食纖維，能夠促進腸胃蠕動，排出宿便，而有排毒的效果。高纖低卡的特質，能增加飽足感，有利減重者食用。

食材

豬肉片 ………… 200 克
（里肌或梅花）
金針花乾貨 ………… 15 克
蔥 ………… 1 支
薑 ………… 1 小段 1 公分
鹽 ………… 少許
糖 ………… 少許
油 ………… 適量

醃料

醬油 ………… 2 大匙
米酒 ………… 2 大匙
太白粉 ………… 1 小匙

步驟

1 豬肉片用醃料抓醃，蔥切小段，分成蔥白和蔥綠，薑切末。金針花用溫水泡 10 分鐘後洗淨、瀝乾。

2 熱油，爆香薑末和蔥白。

3 加入豬肉片翻炒至全
熟。

4 加入金針花拌炒,並用
鹽和糖調味。

5 加入蔥綠,翻炒幾下轉
色即完成。

水果類
Fruits

　　台灣盛產多種新鮮水果，擁有水果入菜料理的良好條件。許多餐廳供應如鳳梨製作的鳳梨蝦球、鳳梨苦瓜雞、咕咾肉；柳橙所做的橙汁排骨、橙汁雞；芒果做的芒果魚、芒果蝦；木瓜燉湯甜鹹皆有，還有如香瓜等多種水果製作的水果盅。千變萬化，充滿巧思。

　　水果入菜的敲門磚，應是了解各種水果的特性，以及各種烹調手法，才能搭配出最好的口味及視覺效果。舉例來說，醃漬過的酸梅、話梅、紫蘇梅等，都有適宜的食材可以相輔相成。就常見的梅子而言，酸梅酸度高，又有軟化肉質的效果，因此我們常見有梅汁排骨這種料理；而紫蘇梅酸度較柔和，且帶有天然紫蘇香氣，多和海鮮類搭配，或是製作為泡菜也很不錯。而台灣饒富盛名的芒果，除了鮮食外，入菜也別具風味。著名的芒果品種愛文，果肉紮實、鮮甜，入菜口感較佳。但是土芒果果肉較薄、纖維過多，入口質地過硬，所以入菜就較不適合。

　　只要果肉不是過於軟爛的水果，都可以考慮入菜，常見的如芒果、鳳梨、蘋果等等。但有些菜餚的需求是取水果的果汁、香氣或是軟化肉質的效果，軟硬度就比較不重要，例如柳橙、梨子、檸檬等等。

　　許多種水果會被用來醃漬肉類以軟化肉質，這是因其含有的特殊酵素，如木瓜酵素。鳳梨、青木瓜、柳橙、蘋果和梨子醃肉都很常見，甚至可以廢物利用西瓜皮來醃漬。

水果入菜時，首先在爆香的階段，以薑或洋蔥較常運用，而大蒜、豆豉等味道過於強烈的辛香料則較不適合，以免掩蓋了水果的香味。為了避免水果的甜度和肉質劣化，熱炒類的水果料理，通常最後才加入水果，稍微拌炒沾過鍋氣即可。原味較酸、質地較硬的水果，才會考慮和其他食材同煮久一點，例如台灣常加入泰式打拋豬中的小番茄。

　　水果富含維生素與植化素，加熱過強或過久常會流失營養。因此，大部分的水果烹調時，還是都以涼拌、沙拉為主，例如奇異果所做的果律沙拉。有些經過加工脫水的果乾類，如鳳梨乾、楊桃乾，則可以放入湯中久煮，在熱湯中釋放美味。

　　把握以上所述的原則，就可以挑戰水果入菜。在物產豐饒的寶島台灣，有各式各樣的水果供應選擇，一定能做出水果入菜的好料理。

鳳梨
蝦球

蔬食主角
鳳梨

特別適合食用

- ✓ 瘦身
- ✓ 提高免疫力
- ✓ 預防心血管疾病
- ✓ 預防癌症
- ✓ 關節炎
- ✓ 咳嗽
- ✓ 鼻竇炎
- ✓ 保健眼睛
- ✓ 預防骨質疏鬆
- ✓ 便祕者

鳳梨含有大量維生素 C，能夠提高免疫力，且能抗氧化，而對心臟病和關節疼痛有益，還能降低眼睛黃斑部病變的風險。鳳梨酵素可預防血栓，降低心血管疾病的風險；鳳梨酵素也是很強的抗發炎物質，除了減輕關節炎，也能預防癌症；鳳梨酵素也能減少鼻腔和口腔粘液，可緩解咳嗽、鼻過敏和鼻竇炎。鳳梨錳含量高，能強健骨骼和結締組織，且能預防骨質疏鬆。鳳梨富含的纖維素，可促進腸胃蠕動，也對減重有幫助。

食材

鳳梨 ………… 1/4 顆
蝦子 ………… 250 克
脆酥粉（或地瓜粉）………… 適量
美乃滋 ………… 2 大匙
蘋果醋（或檸檬汁）………… 1 大匙
油 ………… 適量

醃料

蛋黃 ………… 1 個
美乃滋 ………… 1 大匙
鹽 ………… 1/2 小匙

步驟

1 蝦子剝殼、開背去腸泥後，用醃料抓醃。鳳梨切小塊。

2 蝦仁裹上脆酥粉，熱油到 160 度 C 放入炸熟，瀝油。

3 鍋子倒光油，維持鍋子的熱度，放入炸蝦球、鳳梨、美乃滋和蘋果醋，拌勻即完成。

橙汁
排骨

特別適合食用

- ✓ 瘦身
- ✓ 美顏
- ✓ 提升免疫力
- ✓ 預防心血管疾病
- ✓ 預防癌症
- ✓ 延緩衰老
- ✓ 健腦
- ✓ 便祕者

柳橙所含的膳食纖維能夠促進腸胃蠕動，預防便祕。果膠可以加速食物的消化，將脂質和膽固醇排出體外，且能預防膽酸二級產物堆積，減少罹癌風險；果膠亦可以減少外源性膽固醇的吸收，預防心血管疾病。維生素 C 含量高，能增加免疫力，美白肌膚。柳橙含有大量的類黃酮與類胡蘿蔔素，能夠抗氧化，清除自由基，延緩衰老，預防癌症。類黃酮能活化大腦中掌管記憶、學習的海馬迴，而有助於提升大腦認知功能。

食材

豬小排 ············ 300 克
脆酥粉（或地瓜粉）············ 適量
油 ············ 適量

醃料

醬油 ············ 2 大匙
米酒 ············ 2 大匙

橙汁醬

柳橙汁 ············ 150c.c.
鹽 ············ 1 小匙
糖 ············ 1 小匙
蒜末 ············ 1 小匙
薑末 ············ 1 小匙

步驟

1 小排用醃料抓醃後，裹上一層脆酥粉。

2 熱適量油，以 160 度 C 將小排炸熟。

3 鍋中留少許油，加入橙汁醬，煮至入味收汁即可。

義式香煎檸檬雞胸

特別適合食用

- ✓ 瘦身
- ✓ 美顏
- ✓ 提高免疫力
- ✓ 心血管疾病
- ✓ 促進新陳代謝
- ✓ 降血糖
- ✓ 預防癌症
- ✓ 便祕者

步驟

1 將雞胸肉去皮，切成厚 0.5 公分的片狀，均勻抹 上一點鹽。

食材

檸檬	1/2 個
雞胸肉	290 克
奶油	30 克
鹽	適量

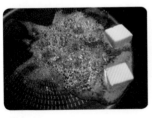

2 鍋內小火融化奶油。

3 維持中小火將雞胸肉兩 面煎熟。

4 關火，滴適量檸檬汁在 肉上，起鍋後將鍋底剩 的醬汁淋在雞胸肉上。

檸檬富含維生素 C 和維生素 P，能夠增加血管彈性，而預防高血壓和心肌梗塞等症狀。維生素 C 也能參與多種免疫反應，而提升免疫力。此外，維生素 C、維生素 B_1、維生素 B_2 還有多種有機酸具有抗氧化作用，能延緩肌膚衰老、美白淡斑、促進新陳代謝。綠檸檬中有一種類似胰島素的物質，可降低血糖。檸檬含有的 salvestrol Q_{40} 的化合物和檸檬烯，有助於對抗癌細胞。檸檬富含果膠和纖維素，能提供飽足感，有利於減肥。

檸檬蝦

食材

蝦子 ·············· 250 克
檸檬 ·············· 2 個
辣椒 ·············· 2 條
大蒜 ·············· 2 瓣
鹽 ·············· 適量
黑胡椒粒 ·············· 少許
油 ·············· 適量

步驟

1 蝦子去腸泥，並將蝦鬚、蝦腳剪掉。大蒜切末，辣椒切片。

2 熱油，將蝦子煎熟。

3 加入鹽、蒜末和辣椒炒香。

4 擠入檸檬汁，並加入黑胡椒，收汁至剩一半的量即可。

蘋果洋蔥燒雞

特別適合食用

✓ 瘦身
✓ 美顏
✓ 保健眼睛
✓ 阿茲海默症
✓ 帕金森氏症
✓ 風濕
✓ 關節炎
✓ 痛風
✓ 糖尿病
✓ 便祕者

蘋果中的類黃酮可以降低罹患白內障、黃斑部病變等眼睛疾病的機率。蘋果中的維生素 C，能增強免疫力，並協助膠原蛋白增生而有美肌效果。蘋果能刺激大腦內乙醯膽鹼的產生，對阿茲海默症與帕金森氏症有益。蘋果富含膳食纖維，能夠促進腸胃蠕動。黃酮類如山奈酚，楊梅素，槲皮素等，可以改善風濕病、關節炎、痛風等炎症。多酚類可以抑制葡萄糖的吸收、刺激胰島素產生，而對改善糖尿病有功效。

食材

蘋果 ………… 1 個
洋蔥 ………… 1/2 個
去骨雞腿肉 ………… 2 塊（400 克）
鹽 ………… 適量
糖 ………… 1 小匙
油 ………… 適量

醃料

醬油 ………… 2 大匙
米酒 ………… 2 大匙

步驟

1 蘋果削皮切丁，洋蔥切小片，雞腿肉切成雞丁，以醃料抓醃。

2 熱油，將洋蔥炒至邊緣
呈金黃色。

3 加入雞丁炒至全熟。

4 加入蘋果、鹽和糖，拌
炒 30 秒即完成。

湯品與甜品
Soups and Desserts

　　蔬食的湯類大家一定不陌生，尤其是以肉類為湯底的湯，例如排骨湯、雞湯、魚湯，再增添蔬果共煮，美味相乘，營養更勝單煮。一般我們會拿來煮湯的蔬食，多屬於瓜果類、根莖類和菇類，瓜果類例如冬瓜、大黃瓜；根莖類例如白蘿蔔、山藥；菇類例如香菇、巴西蘑菇等。偶有拿來燉湯特別適合的其他類蔬食，如白花椰菜排骨湯、青菜豆腐湯等。

　　用來煮湯的蔬食，必須考慮經過長時間燉煮後，原本的組織完整性會不會被破壞。組織較為堅固者，例如白蘿蔔、香菇、玉米，不用擔心這個問題。組織硬度居中者，如花椰菜、山藥，可以燉煮一段時間，但過久形狀會崩壞，這類蔬果就要嚴謹地拿捏時間，除了參考食譜外，也可以依自己所用的加熱設備和經驗為依據。而過軟的蔬果，例如番茄，有時候也會拿來煮湯，但就需要接受並喜歡燉煮後軟爛的模樣，有時候這樣的口感反而令人喜愛。

　　西式的濃湯，因為會將蔬果組織完全破壞，所以只要考慮風味。例如玉米濃湯、南瓜濃湯、花椰菜濃湯等等。從這裡我們可以發現，同一種蔬食，在不同文化中習慣的烹調方式也常大異其趣，例如中式的玉米排骨湯和西式的玉米濃湯，就是相當典型的例子。

　　近幾年盛行「湯療」，這是從歐美傳來的一種食療方式。藉由每天喝湯，高密度地攝取湯中的營養素，從瘦身到防癌，都有各種建議的食材配對和煮法。其實，中式料理或中醫方面，自古以來也有類似的保健方式。

很多種湯品除了美味外，也都具備中醫觀點的療效。例如桂圓紅棗茶這種甜湯，中醫認為具有養肝補腎、補血益氣的功效。這些療癒湯品的食療能力，在近年來科學界的研究中，常發現支持的數據或物質。例如上述的桂圓紅棗茶中，紅棗含有的三萜類化合物，具有抗疲勞作用，並可抑制肝炎病毒的活性，印證了中醫「養肝」、「補氣」的說法。

　　煲一碗湯，在天氣炎熱時，能快速補充水分和營養，在寒冷時除了營養外更能溫暖身心。湯料理對於新手來說，幾乎不需要技巧，食材變化性又多，是很好的入門料理。同時，一碗湯常常最能傳遞料理人的心意，營養豐富，暖心暖手，喝的人一定能感受到無聲的關懷。

菱角
排骨湯

特別適合食用

- ✓ 美顏
- ✓ 提高免疫力
- ✓ 發育中
- ✓ 貧血
- ✓ 預防骨質疏鬆
- ✓ 保健眼睛
- ✓ 便祕者

菱角是富含醣類的根莖類食物，但營養密度高，熱量密度比白飯低，可以取代米飯為主食。菱角含有膳食纖維，可促進腸胃蠕動。它也含有礦物質鉀、鈣、鐵、鋅、磷等，可以幫助新陳代謝和生長發育、預防貧血和骨質疏鬆。其含有的維生素如維生素 A、C、E 和 B 群，具有抗氧化力，還有提高免疫力、護眼、維持健康皮膚和消化等功效。

食材

菱角仁 …………	350 克
豬排骨 …………	480 克
薑 …………	1 小段 1 公分
鹽 …………	適量
水 …………	1500c.c.

步驟

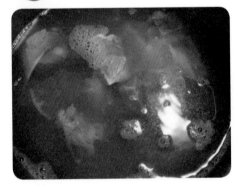

1 排骨放入冷水中，逐漸升溫，在將滾前停止，洗淨浮沫。薑切片。

2 鍋中加入排骨、菱角仁、薑片和水，煮滾後轉小火煮 30 分鐘，最後加鹽調味即可。

大黃瓜
玉米雞湯

大黃瓜含有葫蘆素 C，具有提高免疫力，預防癌症的作用。大黃瓜中豐富的維生素 E，有助於抗氧化、抗衰老。其含有的黃瓜酶，具有很強的生物活性，有利於新陳代謝。大黃瓜中的丙胺酸和精氨酸，有輔助治療酒精性肝硬化的功用。丙醇二酸能抑制體內的醣類物質轉化為脂肪。富含的纖維素能促進腸胃蠕動，並減少脂質吸收。

玉米中的葉黃素和玉米黃質，是強大的抗氧化劑，能保護眼睛，預防黃斑部病變、白內障、視力下降等。玉米中含有的異麥牙低聚醣，可促進腸道益生菌繁殖，同時玉米富含膳食纖維，可以促進腸胃蠕動，並增加飽食感。鎂能加強腸壁蠕動，促進廢物排除，有瘦身的效果。玉米含有菸鹼酸，能增強胰島素的作用，進而調節血糖。玉米含有許多不飽和脂肪酸，尤其是亞油酸，其和維生素 E 共同作用，能夠預防心腦血管疾病。玉米還有許多抗氧化與抗癌成分，如穀胱甘肽、維生素 E、賴胺酸、硒等。

食材

大雞腿	1 隻
大黃瓜	1/2 條
玉米	1 支
鹽	適量
水	1500c.c.

步驟

1 雞腿切小塊，大黃瓜去
皮去籽切厚片，玉米切
小段。

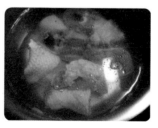

2 雞腿冷水入鍋，慢慢升
溫，在將滾前停止，洗
去浮沫。

3 雞肉、大黃瓜和玉米一
同入鍋，加入 1500c.
c. 水淹過，煮滾後維持
小滾煮 30 ～ 40 分鐘，
最後加適量鹽調味即
可。

湯 品 與 甜 品
 159

剝皮辣椒
雞湯

特別適合食用

- ✓ 瘦身
- ✓ 提高免疫力
- ✓ 心血管疾病
- ✓ 胃潰瘍
- ✓ 孕婦
- ✓ 止痛

辣椒富含的維生素 C 可以提升免疫力，維生素 K_6 可幫助維持骨骼和腎臟的健康。辣椒會刺激腦內啡釋放，其為天然止痛藥，可緩解多種疾病造成的疼痛。辣椒所含的辣椒素可以增加脂肪和能量消耗，因此有助於減肥，還能改善心血管疾病影響因子。傳統以為辣椒傷胃，但事實上辣椒可以抑制胃酸分泌，和促進鹼性消化液分泌，而達到改善胃潰瘍的功效。辣椒也含有葉酸，適合孕婦食用，幫助胎兒成長。

食材

大雞腿 …………… 1 隻
剝皮辣椒（含汁）………… 200 克
乾香菇 ………… 5 朵
香菇水加清水 ………… 1200c.c.

步驟

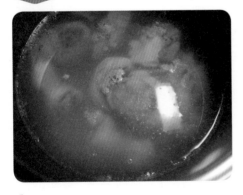

1 雞腿剁塊，放入冷水中，逐漸升溫，在將滾前熄火，洗淨浮沫瀝乾備用。乾香菇預先泡軟，香菇水留用。

2 鍋內加入雞塊、乾香菇、剝皮辣椒（含汁）、香菇水加清水 1200c.c.，煮滾後轉小火煮 30 分鐘即可。

巴西蘑菇
雞湯

蔬食主角
巴西蘑菇

┌─── 特別適合食用 ───┐
✓ 瘦身
✓ 預防癌症
✓ 腸胃疾病
✓ 心血管疾病
✓ 提高免疫力
✓ 便祕者

巴西蘑菇含有能抑制癌細胞擴散生長的多種多醣體與微量元素，類似靈芝的成分，但功效更強。其具有的高分子多醣體，可以活化免疫系統，包括自然殺手細胞、T 細胞、B 細胞與巨噬細胞等的活性。其膳食纖維含量頗豐，能夠促進腸胃蠕動，減低致癌物質與脂質吸收。另外巴西蘑菇對於心血管疾病、腸胃疾病與免疫系統相關疾病，都有保健的效果。

食材

切塊雞腿 ············ 400 克
乾燥巴西蘑菇 ············ 8 朵
薑 ············ 1 小段 1 公分
枸杞 ············ 少許
鹽 ············ 適量
水 ············ 1200c.c.

步驟

1 雞腿切成小塊，巴西蘑菇預先用水泡軟，薑切片。

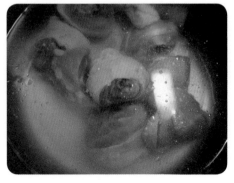

2 雞肉放入冷水中，逐漸升溫，在將滾停止，洗淨浮沫瀝乾。

3 鍋中放入雞肉、巴西蘑菇和薑，加水
淹過食材，煮滾後轉小火燉 30 分鐘。

4 起鍋前加枸杞煮幾分鐘，並加鹽調味即
可。

榨菜 肉絲湯

特別適合食用

- ✓ 體力虛弱
- ✓ 食慾不佳
- ✓ 保健眼睛
- ✓ 預防癌症
- ✓ 便祕者

榨菜為莖瘤芥醃製成的醃菜。榨菜富含維生素 A，具有促進眼睛健康、減輕眼睛疲勞的效果。另外其含有較多的 β- 胡蘿蔔素，是強大的抗氧化物，能夠預防黃斑部病變，保護皮膚，降低自由基對人體的損害，而能抵抗癌症。另外，榨菜含有多種胺基酸，包括穀胺酸、天門冬胺酸等等，有很多是人體的必需營養素；部分胺基酸能構成食物的鮮味，使榨菜有促進食慾的效果。榨菜也富含纖維素，可促進腸胃蠕動。

食材

市售切絲榨菜 ············· 250 克
豬里脊肉絲 ············· 250 克
水 ············· 2000c.c.

醃料

醬油 ············· 1 大匙
米酒 ············· 1 大匙
太白粉 ············· 1 小匙
胡椒粉 ············· 少許

步驟

1 榨菜泡熱水 10 分鐘後洗淨瀝乾，重複兩、三次，洗去過多的鹽分。肉絲加醃料抓醃。

2 鍋中加入榨菜和水，煮滾後再煮 10 分
鐘。

3 加入肉絲攪散，再煮 10 分鐘即完成。

綠豆
薏仁湯

特別適合食用

- ✓ 美顏
- ✓ 發育中
- ✓ 貧血
- ✓ 預防骨質疏鬆
- ✓ 保健牙齒
- ✓ 便祕者

綠豆含有豐富的維生素 B 群，其中維生素 B_1 有助於碳水化合物的分解，有助消化、排便順利，並維持心臟和神經正常功能；維生素 B_2 能構成輔酶，參與能量的代謝，並保護皮膚健康。綠豆也含有鈣，能維護骨骼和牙齒的健康。含有鐵，可預防貧血。含有鋅，是生長發育的重要營養素。

薏仁能促進食欲，且食用對腸胃負擔較輕，適合腸胃虛弱的人。特別的是薏仁含有薏苡素、酚酸，對美白皮膚有效果；還有維生素 B_1 等營養素，能促進皮膚的新陳代謝，而改善斑點、粉刺、痘疤和青春痘。薏仁含有豐富的纖維質，能增加飽足感，對減重有幫助。水溶性纖維吸附能消化脂肪的膽鹽，降低腸道對脂肪的吸收率，進而達到降低血脂、血膽固醇等效果，而預防心血管疾病。

特別適合食用

- ✓ 瘦身
- ✓ 美顏
- ✓ 青春痘
- ✓ 預防心血管疾病
- ✓ 腸胃虛弱者

食材

綠豆 ………… 1 米杯
大薏仁 ………… 1 米杯
糖 ………… 適量
水 ………… 適量

1 綠豆和薏仁分別洗淨後，綠豆浸泡 2 小時，薏仁浸泡 5 小時。

2 綠豆和薏仁瀝乾後，放入電子鍋，補水到「2 杯粥」的刻度，並調整模式為「煮粥」，按下煮飯開關直到煮好。

3 依照自己的口味加入糖攪拌融化即可，可再冰鎮更消暑。

小叮嚀　綠豆泡 2 小時是為了避免發芽，薏仁泡 5 小時是因其較難泡軟。

黑糖
薑母茶

特別適合食用

✓ 瘦身
✓ 驅寒
✓ 提升免疫力
✓ 保護消化道
✓ 眩暈
✓ 孕吐
✓ 幫助消化
✓ 預防腸胃潰瘍
✓ 偏頭痛
✓ 降低血脂
✓ 維持血糖平衡

薑裡的薑酚和薑烯酚，能夠促進微血管擴張，使得體溫升高，提升基礎代謝率，有利於減脂和驅寒。薑烯酚也能修復受傷的血管，降低血脂，維持血糖平衡。另外薑辣素能夠提高腸胃中的殺菌作用，達到保護消化道的效果；同時，薑辣素可以改善更年期、暈車和暈船造成的眩暈，以及懷孕的孕吐。薑可以使胃液正常分泌，並活化唾液的消化酶，能幫助消化、增加食慾，更能預防胃潰瘍與十二指腸潰瘍。薑含有維生素 C、鎂、磷、鉀、鋅、薑烯酚、薑油酮、薑油醇、桉葉油精、薑辣素等，這些成分可以提升免疫力與止痛，尤其是偏頭痛。

食材

老薑 ………… 1 段 10 公分
水 ………… 1500c.c.
黑糖 ………… 適量
鹽 ………… 少許

步驟

1 薑切片並用刀拍裂。

2 把薑片放入乾鍋中，小　　*3* 加入水煮滾後，再用小　　*4* 撈除薑片，最後加入黑
　　火炒到有香氣。　　　　　　　火煮 20 分鐘。　　　　　　　糖和鹽調味即完成。

小叮嚀　　炒薑片時一定要用小火，不然容易燒焦。

桂圓
紅棗茶

特別適合食用

✓ 美顏
✓ 貧血
✓ 失眠
✓ 預防心血管疾病
✓ 預防癌症

桂圓即龍眼乾燥後所製成。龍眼含有大量的鐵和鉀，能預防因貧血造成的心悸、失眠等症狀。其富含菸鹼酸，可預防缺乏菸鹼酸造成的關節炎與心血管疾病；菸鹼酸能在人體中被轉化為菸鹼醯胺，其能透過增加膠原蛋白及糖胺聚糖，減緩皮膚的光老化，即皺紋、斑點、乾燥等，甚至是皮膚癌。

紅棗能增強免疫力，保護肝臟，其含有的三萜類化合物，具有抗疲勞作用，並抑制肝炎病毒的活性。紅棗富含鐵，可以預防貧血。含有環磷酸腺苷，能促進新陳代謝，增強造血功能，排除體內廢物；環磷酸腺苷能擴張血管，改善腎臟與心肌供血量，對男性特別有強骨壯陽的效果。紅棗含有的維生素 B 群，能促進血液循環，使皮膚和毛髮光潤。

特別適合食用

✓ 美顏
✓ 貧血
✓ 保肝
✓ 疲勞
✓ 促進新陳代謝
✓ 壯陽

食材

紅棗 ………… 50 克
桂圓乾 ………… 50 克
紅糖 ………… 適量
水 ………… 2000c.c.

1 紅棗用食物剪剪一刀，幫助釋放內部有益物質。

2 鍋內加入紅棗、桂圓、水後，大火煮滾，再轉小火煮 30 分鐘。

3 起鍋前加入適量紅糖調味即完成。

養生
黑豆茶

黑豆中的大豆蛋白質組成比例和人體需要相似，所以容易被人體吸收，甚至能超過蛋、奶的營養。所含大豆脂肪能抑制膽固醇的吸收，對動脈硬化有幫助。黑豆中還含有磷脂質，對神經、肝臟、皮膚、骨骼的健康均有重要作用。鐵能預防貧血，碘能預防甲狀腺腫大，微量元素鉬能預防癌症。黑豆皂苷與黑豆紅色素能清除自由基，延緩老化，適合養顏美容。

特別適合食用

- ✓ 美顏
- ✓ 發育中
- ✓ 營養不良
- ✓ 預防心血管疾病
- ✓ 貧血
- ✓ 甲狀腺腫大
- ✓ 預防癌症
- ✓ 延緩老化

食材

黑豆 ………… 50 克
滾水 ………… 適量
糖 ………… 隨意可省

步驟

1 洗淨瀝乾黑豆，放入烤箱 200 度 C 烤 15 分鐘，至豆皮剝裂。

2 在杯中放入約 12 克黑豆，加入 300c.c. 滾水沖泡，蓋上杯蓋燜 10 分鐘即可飲用。可視喜好加糖增加甜味。

桂花
蜜芋頭

桂花中含有的芳香物質可以稀釋痰，使其容易排出呼吸道，而有止咳化痰的作用。中醫認為桂花有溫補的效果，可改善頭暈、腰痛、四肢冰冷等症狀。桂花能暖胃、止痛，能舒緩胃痛與腸胃潰瘍。桂花也能美白肌膚、排除毒素、養生潤肺、防止皮膚乾燥，可養顏美容。因上火導致的聲音沙啞或便祕，食用桂花也能改善。

特別適合食用

- ✓ 美顏
- ✓ 止咳化痰
- ✓ 排毒
- ✓ 美白肌膚
- ✓ 胃痛
- ✓ 頭暈
- ✓ 腰痛
- ✓ 四肢冰冷
- ✓ 便祕者

食材

芋頭	450 克
桂花釀	適量
乾桂花	1/2 大匙
水	800c.c.

步驟

1　芋頭切小塊，放入水中煮滾後，轉小火煮至軟糯。

2　放涼後，加入適量的桂花釀和桂花，攪拌均勻即可，可再冰鎮風味更佳。

i　健　康　　　　0　5　0

舒食蔬房──運用蔬食乘法，
讓蔬果和肉、蛋、海鮮通通都是好朋友

國家圖書館出版品預行編目（CIP）資料

舒食蔬房：運用蔬食乘法，讓蔬果和肉、蛋、海鮮通通都是好朋友
／楊晴著. -- 初版. -- 臺北市：健行文化出版：九歌發行，2020.12
176 面；17×23 公分 . --（i 健康；50）
ISBN 978-986-99083-6-8（平裝）

1. 食譜

427.1　　　　　　　　　　　　　　　　　　　　　109016235

作　　　者 ── 楊晴
責任編輯 ── 曾敏英
發 行 人 ── 蔡澤蘋
出　　　版 ── 健行文化出版事業有限公司
　　　　　　　臺北市 105 八德路 3 段 12 巷 57 弄 40 號
　　　　　　　電話／ 02-25776564‧傳真／ 02-25789205
　　　　　　　郵政劃撥／ 0112263-4

九歌文學網　www.chiuko.com.tw

排　　　版 ── 綠貝殼資訊有限公司
印　　　刷 ── 前進彩藝有限公司
法律顧問 ── 龍躍天律師‧蕭雄淋律師‧董安丹律師
發　　　行 ── 九歌出版社有限公司
　　　　　　　臺北市 105 八德路 3 段 12 巷 57 弄 40 號
　　　　　　　電話／ 02-25776564‧傳真／ 02-25789205
初　　　版 ── 2020 年 12 月
定　　　價 ── 380 元
書　　　號 ── 0208050
Ｉ Ｓ Ｂ Ｎ ── 978-986-99083-6-8